国家示范性高等职业院校建设规划教材
高职高专教育校企合作特色示范性教材

建筑施工综合实训规程

主编 杨益

黄河水利出版社
·郑州·

内 容 提 要

本书是国家示范性高等职业院校建设规划教材，是高职高专教育校企合作特色示范性教材。全书共分五个章节，主要内容包括：总则、实训管理规定、实训技术要求、实训项目、实训的考核与评估及附录，其中实训项目包括砖混结构施工综合实训，框架结构施工综合实训，剪力墙结构施工综合实训，钢结构施工实习，设备安装工程综合实训，装饰工程综合实训，工程量清单与计价文件编制综合实训，施工技术资料编制实训，施工项目管理综合实训，以提高学生对单位工程中各分部分项工程的真实施工环境的认知，培养学生的综合能力。

本书主要作为高等职业教育土建类建筑工程技术、工程造价、工程监理等专业及相关专业施工实训、实践教学的教学用书，也可作为岗位培训教材或供土建工程技术人员学习参考。

图书在版编目(CIP)数据

建筑施工综合实训规程/杨益主编. —郑州：黄河水利出版社，2015. 10

国家示范性高等职业院校建设规划教材

ISBN 978 - 7 - 5509 - 1274 - 8

Ⅰ. ①建… Ⅱ. ①杨… Ⅲ. ①建筑工程 - 工程施工 - 高等职业教育 - 教材 Ⅳ. ①TU7

中国版本图书馆 CIP 数据核字(2015)第 262975 号

组稿编辑：王路平 电话：0371 - 66022212 E-mail：hhslwlp@163.com

路夷坦 电话：0371 - 66022111 E-mail：hhsllyt@126.com

出 版 社：黄河水利出版社

地址：河南省郑州市顺河路黄委会综合楼 14 层 邮政编码：450003

发行单位：黄河水利出版社

发行部电话：0371 - 66026940、66020550、66028024、66022620(传真)

E-mail：hhslcbs@126.com

承印单位：河南承创印务有限公司

开本：787 mm×1 092 mm 1/16

印张：10.5

字数：240 千字 印数：1—2 000

版次：2015 年 10 月第 1 版 印次：2015 年 10 月第 1 次印刷

定价：27.00 元

国家示范性高等职业院校建设规划教材
高职高专教育校企合作特色示范性教材

编审委员会

《建筑施工综合实训规程》

编写团队

主　审　张　浪　陕西建工集团总公司

主　编　杨　益　杨凌职业技术学院

副主编　马　琳　杨凌职业技术学院

　　　　黄无非　杨凌职业技术学院

　　　　申　琳　杨凌职业技术学院

　　　　白东升　陕西建工第七建设集团有限公司

前 言

本书是国家示范性高等职业院校建设规划教材，是高职高专教育校企合作特色示范性教材。本书依托杨凌职业技术学院与陕西建工集团成立的校企合作理事会，根据校企合作共同开发的陕建建筑学院高等职业教育“建筑工程技术专业”人才培养方案要求，根据以工作过程为导向的基本思想，通过分析一般建筑工程施工的工作过程，结合岗位要求和职业标准，以杨凌职业技术学院建筑施工实训基地为载体，结合高等职业教育教学特点和建筑企业实践应用有针对性地开发典型性、实用性、前沿性的实训项目，锻炼学生的动手能力、协作能力及专业技能，达到培养具有扎实的理论基础和专业知识，同时掌握较强的操作技能和技术应用能力的高技能人才的培养目标。

本书是高等职业教育建筑工程技术专业及其他相关土建类专业的一门专业实践课程。主要任务是总结学生的各科专业知识、提高专业技能，通过建筑施工实训基地的典型工程将识图、建材、力学、结构、施工、质量、安全、造价、项目管理、资料整编等专业课程能力很好地贯穿起来，通过实训使学生掌握扎实的专业知识和实践能力，实现毕业生毕业与上岗的零对接，以提高学生的动手操作能力和综合素质。

本书注重真实工作场景与过程，体现建筑业人才需求的特点，借鉴德国“双元制”职业教育的经验，重点突出基本操作技能及施工质量标准的掌握，力求做到“综合性、实用性、可操作性”。在内容编排上，以建筑施工实训基地为载体，构成了一个完整的实训工作过程。在编写过程中，突出了“以就业为导向、以岗位为依据、以能力为本位”的思想；体现两个育人主体、两个育人环境的本质特征，明确了在校内实训的真实施工场景下施工实训的目标、任务等，依托真实的学习情境，配套了适量的综合实训项目，注重学生职业能力的训练和个性培养，坚持学生知识、能力、素质的协调发展，力求实现学生由“会干”向“能干”的转变、教学过程“以教师演示为主”向“以学生动手实作为主”转变、理论和实践分开教学向两者融于工作过程教学的转变。

本书由杨凌职业技术学院与陕西建工集团共同承担编写工作，编写人员及编写分工如下：第 1 章、第 4 章由杨凌职业技术学院杨益编写，第 2 章由杨凌职业技术学院马琳编写，第 3 章由杨凌职业技术学院黄无非编写，第 5 章由杨凌职业技术学院申琳编写，附录由陕西建工第七建设集团有限公司白东升编写。本书由杨益担任主编并负责全书统稿及校订工作；由马琳、黄无非、申琳、白东升担任副主编；由陕西建工集团总公司张浪担任主审。

本书在编写过程中，专业建设团队的领导和老师提出了许多宝贵意见，陕西省建筑工程集团公司给予了大力支持，同时在编写中引用了大量的规范、专业文献和资料，恕未在书中一一注明，在此表示最诚挚的感谢！

由于编者经验和水平有限，书中难免存在疏漏或不足之处，恳请广大读者和同行批评指正，编者不胜感激。

编　者

2015 年 6 月

目 录

前 言

第1章 总 则

1.1 编制依据

本规程依据杨凌职业技术学院建筑工程技术专业最新人才培养方案、《建筑与市政工程施工现场专业人员职业标准》(JGJ/T 250—2011),结合学院建筑施工实训基地和分部分项实训中心的实际条件而编写。

1.2 编制目的

为了满足建筑行业飞速发展的需要和对毕业生的专业知识、专业技能的需求,实现毕业生毕业与上岗的零对接,杨凌职业技术学院建筑工程技术专业在三年级安排了综合实训教学实践环节,以提高毕业生的实践能力和上岗操作能力,加强施工现场专业人员队伍建设,规范专业人员的职业能力,指导专业人员的技术标准,促进科学施工,确保工程质量和安全生产,特制定本规程。

1.3 编制意义

实训,就是在实践中训练,它是一个获取知识、培养能力的过程。在实践中加强岗位职业能力、提高专业素质,是学生对所学的建筑施工等相关课程内容进行深化、技能水平的拓展提高的重要阶段。

(1)施工实训是建筑工程类相关专业实现培养目标的重要实践性教学环节。

建筑施工综合实训是指建筑工程技术和相关专业的专业实训。随着建筑工程技术的发展和高等职业教育教学内容、教学方法改革的深入,建筑工程技术专业的教育必须更好地培养工程应用型的高素质人才。这些未来的工程师应该有较强的社会、政治、经济的综合判断能力,以及不断吸取新的科学成就、处理各种复杂问题的应变和创新能力。这些素质和能力的培养、提高仅依靠课堂教学是难以奏效的,必须通过包括施工实训实习在内的各种实践性教学环节,让学生置身于工程实践之中,才有可能取得更好的效果。因此,高等学校通过工程实践培养学生综合运用各学科知识的能力就显得尤为重要。

(2)施工实训是建筑工程类相关专业学生完成教学计划,使其知识、能力、素质得到提高的重要手段。

通过实训,有利于学生将书本上所学的理论知识和生产实际相结合,并拓宽视野;学习施工现场生产与管理知识,可提高学生综合分析解决问题、组织管理和社交的能力;还可以引导学生从工程设计和施工管理的不同角度去认识建筑施工，进行符合实际、便于施工的设计和精心组织、整体优化的管理，了解工程设计和施工管理在实际工程实施过程中的重要性。

(3)提前进入工作岗位，为未来就业零距离上岗做准备。

通过施工实训实习这一实践性教学环节，学生得到了一个深入实践、了解社会的机会。以锻炼他们对建筑工地的适应性、能动性，以及对是非的辨别能力，为将来应聘就业铺路，为上岗零距离对接做可靠准备。

(4)磨炼意志、培养求真务实、团结协作的工作作风。

培养学生求真务实的工作作风，增强其事业心和责任感，使其在培养独立工作能力方面上一个台阶。施工实训对学生的思想品德、工作态度及作风、综合素质与工程实践能力培养等诸方面都会有很大影响，对于提高学生全面素质具有重要意义。

1.4 适用范围

本规程适用于杨凌职业技术学院以及其他职业院校建筑工程技术专业、工程造价专业、工程监理专业、建工安全专业和建筑设备工程技术专业的三年级综合实训教学使用。

1.5 本规程主要内容

本规程包括五章：第1章总则，第2章实训管理规定，第3章实训技术要求，第4章实训项目，第5章实训的考核与评估，书后附有实训相关表格和建筑施工相关工艺标准及施工图等。

结合杨凌职业技术学院实训基地的现有条件开展可操作性的实训，主要内容包括9个实训项目，分别是砖混结构施工综合实训，框架结构施工综合实训，剪力墙结构施工综合实训，钢结构施工实习，设备安装工程综合实训，装饰工程综合实训，工程量清单与计价文件编制综合实训，施工技术资料编制实训，施工项目管理综合实训。每个项目又分为若干个子训练任务，涵盖实训目的、实训内容、实训要求及实训考核等内容。

1.6 宏观考核标准

为了实现综合实训和教学、企业生产实践的有机结合，特别安排了常用的、具有普遍性的典型性实训项目，通过这些项目的实践可使学生较好地掌握土建工程中常见的施工工艺和技术要求，极大地提高学生的实践能力和动手能力。

同时也要根据实训项目制定有针对性的考核标准。考核标准的优劣与否决定了整个实训的规范性、严谨性和纪律性。

综合实训的成绩采取五级计分制：优秀、良好、中等、及格、不及格。主要依据学生所完成的设计成果及学生在综合实训过程中的具体表现，最后综合评定综合实训的成绩。

综合实训成绩考评依据：

(1)操作技能；

(2)实作成果质量评价(含小组自评、小组互评)；

(3)工程资料的填写质量；

(4)指导教师评价；

(5)实训总结报告质量；

(6)工作态度；

(7)答辩表现。

这里的宏观考核标准包括：

9个工学结合实训项目分别有分项考核标准,各分项考核分数加权平均累加得到“汇总分”：

(1)汇总分≥90分,综合实训成绩评定为“优秀”等级。

(2)80≤汇总分<90分,综合实训成绩评定为“良好”等级。

(3)70≤汇总分<80分,综合实训成绩评定为“中等”等级。

(4)60≤汇总分<70分,综合实训成绩评定为“及格”等级。

(5)汇总分<60分,综合实训成绩评定为“不及格”等级。

具体评分标准在第5章有具体描述。

第2章　实训管理规定

2.1　综合实训的准备

2.1.1　综合实训地点

施工综合实训是建筑工程类专业教学的一个重要环节，目的是使学生在获得基本知识和基本技能的基础上，进行一次全面、系统的训练，以巩固课堂所学知识及提高操作技能。

综合实训分为校内实训和校外实训，校内实训地点为校内建筑施工实训基地、分部分项工程实训中心，校外则为校外实训基地和合作企业。

2.1.1.1　校内实训基地

1. 建筑施工实训基地

目前杨凌职业技术学院的施工实训基地规模较大，占地面积1 700 m^2，施工设备及检测仪器200余台，可满足防水工程、钢筋工程、模板工程、砌筑工程、装饰工程等施工实训。

以校企合作、工学结合为平台，构建集教学实训、技术培训、技能鉴定、科研开发四位一体的四大校内实训中心（项目管理实训中心、测量实训中心、土木工程实训中心、工程检测实训中心），如图2-1～图2-5所示；基于施工过程完整性，从方案设计、测量放样、技术实施到检查验收等，开发相应的实训项目，显著地提高设备利用率，强化学生实践技能。

图2-1　施工实训基地外景

图 2-2 项目管理实训中心

图 2-3 测量实训中心

图 2-4 土木工程实训中心

图 2-5 工程检测实训中心

2. 分部分项工程实训中心

分部分项工程实训中心位于杨凌职业技术学院南校区，建筑面积约 2 600 m^2，是建筑工程学院的学生校内实训的主要场所（见图 2-6）。设有模板及脚手架工程实训区、钢筋工程实训区、混凝土工程实训区、预应力混凝土演示区、砌筑抹灰工程实训区、施工综合实训区、暖通实训区等 7 个实训区。主要完成建筑工程技术专业实训教学内容，同时也完成工程监理、工程造价、水利工程、道路桥梁等专业的工种施工实训和施工综合实训的教学任务。另外，本实训中心也对其他高职院校或陕西省中职骨干教师进行专业业务培训，对杨凌周边施工企业和建筑劳务公司的相关人员进行培训。

2.1.1.2 校外实训基地

校外实训基地建设是满足专业发展的实际需要，施行工作过程导向教学模式的重要举措。经过多年的努力，创办了具有一定影响力，具有较强的师资队伍，能满足学前教育专业前沿与核心技能训练观摩要求的校外实训基地。

根据本专业学生就业岗位群，我们选择了陕西省内知名施工企业、监理单位、房地产开放公司作为校外实训基地，在配合学院开展百县千企联姻工程的同时，满足了本课程实训教学环节的实施条件，逐步达到了优质资源共享。

本课程的主要校外实训基地如表 2-1 所示。

图 2-6　分部分项工程实训中心

表 2-1　合作企业

序号	企业名称	合作起始时间
1	杨凌舒翼工程咨询监理有限公司	2004 年
2	杨凌高智投资咨询有限公司	2004 年
3	杨凌示范区开发建设有限公司	2005 年
4	陕西方元建设工程有限公司	2005 年
5	陕西康达建筑安装工程有限公司	2006 年
6	陕西经纬建筑工程有限公司	2006 年
7	陕西海元建筑工程有限公司	2006 年
8	中达建设集团西安分公司	2006 年
9	宝鸡市陈仓区西堡建筑工程总公司	2006 年
10	宝鸡市政工程公司	2006 年
11	陕西省第一建筑工程公司	2007 年
12	陕西省第六建筑工程公司	2007 年

学生通过在实训基地的实习，了解和体验所在公司的企业文化及各项管理制度，了解和认识有关公司的相关业务，了解和认识施工员、监理员、资料员、造价员及安全员等各岗位对知识和技能的要求，在实际工作岗位上将所学的理论与实际工作有机地结合起来，在实践中检验所学的理论知识，同时摸索和积累自己的工作经验，以便于进一步完善自己的理论知识和必要的实际操作能力，提高自己的职业能力。

2.1.2　综合实训种类

2.1.2.1　校内综合实训——集中实训形式

1. 集中形式

校内综合实训是完成本专业核心课后开设的一门实训课程。依托校内实训基地，采用学生以班级为单位集中时间实训,分组实施的形式。

2. 人数及所占比例

校内实训为综合实训的主要组成部分,计划安排实训学生人数应占班内人数的90%以上,约为35人,其余5人可酌情安排为校外实训。

学生可通过在校内的实践锻炼提前接触施工现场,提高上岗能力,建立自信心,适应未来企业的实习工作。

2.1.2.2 校外综合实训——分散实训形式

校外综合实训是对校内综合实训的补充,采取分散时间的形式。对于校内实训条件无法满足实训要求或校内难以组织实施的实训任务,可以在校外实训基地和合作企业的在建工程项目中完成。学生也可根据就业单位的需要酌情参与校外工程实训。

1. 分散形式

校外实训是指由校内集中实训后,根据校企合作企业在建工程实际开展,由校内指导老师联系,带着学校统一开出的实训联系函,联系符合实训教学内容的施工企业和工地开展参观。实训时间地点不固定,主要以参观在建项目、专家作报告、校内外指导教师现场指导等形式。

也可以由学生根据就业单位的需要参与校外在建工程实训。期间要与工地的工程技术人员同上班同下班,在工程技术人员的指导下,自己独立自觉完成实训任务,教师会对各实训点进行巡视督促检查。学生应按实训计划要求完成实训任务后返回学校,交上实训日记、实训报告、实训单位对自己的实训鉴定书。教师在阅读上交的三份材料及巡视检查后,综合判断实训质量,评定实训成绩。

自行联系实训单位,类似于日后联系就业单位,这种方式可以锻炼学生的能力,使其充分发挥自己的才干。作为学生,应不碍面子、不畏困难,主动自觉努力地去完成实习任务。分散实训形式还可以将实习时间与假期统筹使用,扩大了学生联系工地和实习内容的范围,有利于学生扩展视野,联系到满足实习大纲内容要求的工地,增强学生实习的主动性和锻炼学生的独立工作能力。虽然这种实习形式会造成实习学生过于分散而不便于教师指导和检查等问题,但这些问题可以通过加强实习管理来解决。学校应指定实习联系教师,帮助和指导学生完成实习任务。分散实习形式比较适合于目前多数学校的情况。实习时,学生要自觉做到有无老师在场一个样,有人检查和没人检查一个样,真正做到自我约束、自我管理,珍惜通过自己刻苦寻找、来之不易的实习机会,不荒废大好的青春时光,使自己早日成才。

2. 人数及所占比例

校外实训为综合实训的次要组成部分,计划安排实训学生人数应控制班内人数的10%以内,约控制在5人以内。

学生可通过在校外的实践工地提前接触施工现场,提高上岗能力,建立自信心,适应未来企业的实习工作。

2.1.3 综合实训审批

2.1.3.1 校内综合实训审批

1. 审批程序

教研室编制实训计划、填报审批表→二级学院院办公室审批→二级学院院长审批→教务处审批→教研室组织实施。

2. 审批表

校内综合实训审批表格式参照附件1。

3. 任务书与指导书

实训必须严格按照任务书与指导书进行，任务书与指导书要完整、准确，实用性、操作性强，并严格监督。

2.1.3.2 校外综合实训审批

1. 审批程序

教研室编制实训计划、填报审批表→二级学院院办公室审批、联系校外实训基地(企业)→二级学院院长、校外实训基地(企业)审批→教务处审批→教研室组织实施、校外实训基地(企业)。

2. 审批表

校外综合实训审批表格式同校内审批表，参照附件1。

3. 任务书

实训必须严格按照任务书与指导书进行，任务书与指导书要完整、准确，实用性、操作性强，并严格监督。

2.1.4 综合实训项目安排及实施

校内实训项目为常规施工项目(见表2-2)。

根据本就业岗位群的主要工作任务，结合校内实验实训基地的实训条件，设计常规的模拟实训任务，通过完成模拟工作任务，培养学生专业技能和职业素养，并对所涉及的理论知识进行复习和应用。

表2-2 常规模拟实训项目

序号	实训项目名称	教学实施	实训成果	人数划分	时间安排
1	某砖混结构施工综合实训	现场教学 典型案例 任务驱动法 现场操作	实践操作 实训报告	5人一组， 分8组实施	2周
2	某框架结构施工综合实训	现场教学 典型案例 任务驱动法 现场操作	实践操作 实训报告	5人一组， 分8组实施	2周

续表 2-2

序号	实训项目名称	教学实施	实训成果	人数划分	时间安排
3	某剪力墙结构施工综合实训	现场教学 典型案例 任务驱动法 现场操作	实践操作 实训报告	5人一组，分8组实施	1周
4	某钢结构工程施工实习	现场教学 典型案例	现场实习 实训报告	分批实施	1周
5	设备安装工程综合实训	现场教学 典型案例 任务驱动法 现场操作	实践操作 实训报告	5人一组，分8组实施	1周
6	装饰工程综合实训	现场教学 典型案例	实训报告	5人一组，分8组实施	1周
7	工程量清单与计价文件编制综合实训	典型案例 任务驱动法	实训报告	5人一组，分8组实施	1周
8	施工技术资料编制实训	典型案例 任务驱动法	实训报告	5人一组，分8组实施	1周
9	施工项目管理综合实训	典型案例 任务驱动法	实训报告	5人一组，分8组实施	1周

校外实训项目为特殊实训项目(见表2-3)。

表 2-3 特殊实训项目

序号	实训项目名称	教学实施	实训成果	人数划分	时间安排
1	钢结构工程	现场教学 典型案例 项目教学法	实训报告	不限	1周
2	框架—剪力墙工程	现场教学 典型案例 项目教学法	实训报告	不限	1周
3	陕建特色工法	现场教学 典型案例	实训报告	不限	1周

2.2 综合实训的实施管理规定

2.2.1 实训思想

建筑施工综合实训是本专业的一个重要实践性教学环节，是理论联系实际、培养人才全面发展的一项重要措施。通过建筑施工综合实训，将使学生的动手能力、协作能力及专业技能得到进一步提高，达到培养具有建筑工程专业的基础理论和专业知识，同时掌握较强的操作技能和技术应用能力的高技能人才培养目标。

通过实训，使学生更好地将理论和实践有机结合，培养学生职业素质，加深对企业了解。掌握各工种施工工艺及质量控制标准，学会处理工程信息、控制施工质量、控制施工进度的工作方法。

2.2.2 实训方法

2.2.2.1 案例教学模式

即教师提出一个实践案例，引发学生思考，导入几个理论知识点，学生完成一项综合实践训练。如施工图识读案例，教师展开施工图案例，重点引发学生思考，引入必要的系统基础知识，以及常用的材料、机具、施工工艺等理论知识，进行与案例相关的知识点教学，赋予学生完成具体工作任务必需的理论、知识、理念，再通过参观，模型展示、实际操作等实践教学活动，加深对理论教学的理解，然后回到课堂，由教师对大部分课业的“学习准备”阶段采用正面课堂教学，部分采用学生独立学习；多数实施阶段采用小组学习，在学习过程中设置与企业一致的工作步骤及要求。让学生把学习成果公开展示，共同交流、相互观摩，进行总结。使学生将理论学习与实践工程相结合，在交流与表述中完善自己的认识，从而加深对自己所学专业的认识（见表 2-4）。

表 2-4 典型案例教学流程

序号	形式	主导实施	内容
1	理论教学	教师	引入典型案例、案例展开
2	理论教学	教师	理论教学点授课
3	实践操作	学生	实物参观、观摩、操作训练
4	理论教学	教师	重难点讲解
5	实践操作	学生、教师	学生分组识读施工图，剖析系统构成、流程、施工工艺、使用规范、各专业协调配套要求。 教师辅导答疑
6	实践操作	学生	交流
7	理论教学	教师	总结性概述，项目工程特点、施工图问题、注意要点
8	作业	学生	见识图指导书、任务书
9	评价	教师	按照实训任务书评分标准评分

2.2.2.2 工学结合实训操作模式

即每个工作任务按照“资讯→决策→计划→实施→检查→评估”六步法来组织教学，在老师的指导下制订计划，实施方案，最终评估。学生参与一套实践训练或观摩一个实训演示，教师与学生共同分析得到一个简单理论总结，导入一部分理论知识（见表2-5）。如课程中的安装训练操作部分。以上方法的采用均能提高学生理论学习的主动性和积极性，变被动学习为主动参与，达到提升岗位职业能力、信息收集和处理的能力、新知识获取的能力、分析和解决实际问题的能力、语言表达能力，以及团队协作能力等综合职业素养的目的。

表2-5 工学结合实训操作教学流程

序号	形式	主导实施	内容
1	理论教学	教师、学生	实物参观、教师讲解、学生提问
2	实践教学	教师	案例展开、布置要求、安装机具使用，教师现场示范
3	实践操作	学生	对照实训项目表，使用机具，操作训练
4	理论总结	学生、教师	工艺操作特点、专业协调配套要求
5	评价	教师、学生	按照实训项目评分标准评分

2.2.3 实训步骤（流程）

（1）对于校内实训，责任人和指导教师要提前深入实验实训基地，落实实训的软、硬件条件，熟悉实训项目的各个环节。

（2）提前一周由实训责任人负责将实践教学计划与任务书（建议一份）发放到实训班级，并要求学生完成实训计划与任务书研读，使学生明确任务和要求，做好准备工作。

（3）实训前一周周末召开实训动员会，校内指导教师参加，会上明确任务和安排、提出具体实训要求、强调纪律和安全。

（4）实践性教学安排审批表、实训计划与任务书提前一周报院办公室一份，作为过程检查及期末实践教学课时计算的依据。

（5）实训期间，指导教师要认真做好实训指导、实训考勤考核，注意保存过程考勤考核资料，以班为单位由学生直接上交院系办公室。

（6）实训指导教师收集、整理、批阅学生实训报告，除报告内部详细的圈、点评阅外，报告综合成绩信息须写在学生实训报告封面上，批阅必需信息为：①成绩（优、良、中、及格、不及格五等）；②简短批语；③批阅年月日；④批阅人（全名）。

（7）及时上报学生实训成绩，批阅后的实训报告交院办公室，院办公室及时将相关资料存档，主要有五项：

①实践教学安排审批表（教研室和系办各存档一份，跨院实践教学学生所在院办公室存档一份）。

②实践教学计划与任务书（教研室和系办各存档一份，跨院实践教学学生所在院办公室存档一份）。

③实训报告（院办收齐全学期报告并经审核后转回专业所属教研室保存）。

④成绩上传系统后，系统生成并打印出的实训成绩单（院办存档一份，跨院的实践教学成绩单转交学生所在院（系）办公室存档）。

2.2.4　实训要求

（1）实训项目的负责教师负责实训项目训练内容的统筹安排与检查督促工作，负责安排指导教师指导各训练内容的实训。

（2）实训中的各训练内容以组为单位分别进行，实训前进行分组，并选出组长，确定好各成员的工作任务，强调团结协作。

（3）加强实训过程中的安全教育，确保人身安全和技术资料的完好。

（4）实训指导教师应该提高责任心，加强对学生实训的过程指导，注重学生施工技术、管理技能的培养。

2.2.5　实训提交成果

2.2.5.1　实训成果形式

实训提交的成果尽可能多样化，包括典型案例施工方案、实训实作成果、技术资料填写记录（技术交底表、质量验收表）、实训报告、总结等。

2.2.5.2　实训成果要求

（1）典型案例施工方案：要求内容完整，格式标准，叙述规范有效，能够准确反映编制依据、施工准备、施工工艺、质量标准、安全措施等内容。

（2）实训实作成果：要求在指导老师示范下规范操作，正确使用施工机具，合理利用材料，实训工艺严格按照现行国家标准进行操作。

（3）技术资料填写记录：要求完整、真实、准确、有效、规范。

（4）实训报告：要求在实习的基础上完成，运用专业基础理论知识结合实习资料，进行比较深入的分析、总结。实训报告的资料必须翔实，内容应简明扼要，能反映出本人实习的情况、体会和感受。实习报告要有独立的见解，重点突出、条理清晰，字数符合要求。

2.3　综合实训的纪律要求

2.3.1　学生纪律要求

（1）严格遵守实验实训室的各项规章制度。

（2）实训前必须认真预习，掌握实验目的、原理、要求等。

（3）进入实验实训室，要保持实验实训室的严肃、安静，注意环境卫生。听从指导教师的指导，未经指导教师允许，不准搬弄与本实训无关的仪器设备。

（4）实训时要严格遵守仪器设备使用操作规程，仔细观察，准确记录各种实训数据，实训数据必须经指导教师审阅，实训失败或实训结果误差超限时，要重做实训。

（5）实训过程中要注意人身安全，爱护实训仪器设备，节约水、电、气、材料等。仪器设备发生故障，应立即停止使用，采取必要的安全措施并报告指导教师。凡违反纪律或操作规程而酿成事故者，按学院有关规定处理。

(6)实训结束后，整理好仪器设备、工具及实训场地，认真搞好实验实训室的清洁卫生，并经指导教师检查、实训工作人员验收后，方可离开。

(7)独立完成规定的实训内容，要根据要求，认真地写好实训报告，坚决杜绝抄袭行为，一经发现有抄袭行为，学院将按有关规定，做出严肃处理。

2.3.2 指导教师纪律要求

实训指导教师应该担负起学生实训过程的指导工作，以加强学生实训的过程指导为重点，以促进学生对实训技能的掌握。

(1)指导教师是实习实训安全工作直接责任人，负责学生实训期间安全管理的日常工作。

(2)指导教师代表学院负责学生实训期间的安全管理，指导教师要严格按照有关规定进行管理，如遇违纪、安全事故等情况应及时处理，并及时向专业系领导报告，报告应包括:事故事件性质、发生原因分析、现场处置措施或方法、事故事件责任等。

(3)实训指导前，提前到达实训指导教室，进行实训指导前的准备工作，如实训场所的布置、学生的安排、学生人数的清点、设备的调试等准备工作。

(4)实训指导过程中，实训指导教师应该严守工作岗位，不能中间离开指导现场;不能从事与实训指导无关的其他工作。

(5)实训指导教师应该在负责指导的实训班级进行巡视，及时发现学生在实训过程中出现的问题，及时进行指导，重视实训的过程指导，培养学生的实践技能，避免学生实训完成后无法了解实训结果的弊端，消除学生以实训成绩为目的的观点。

(6)实训指导结束后，实训指导教师在每次实训指导完毕后，应清点教室座椅数量，安排学生清理卫生，将教学设施摆放整齐，并随手关闭门窗、水电，教育学生爱护实训设施、设备。

(7)实训指导教师应该本着教书育人的原则，重视自身的示范作用，促进学生的全面发展。

2.3.3 综合实训纪律监督

(1)在校内、外指导教师及实验员的指导下，认真完成实训内容，按时递交实训成果。

(2)实训期间必须遵守学校纪律，严格执行请销假制度，请假一天由指导教师及班主任共同审批，一天以上者需院学工办及院办公室审批。

(3)实训过程中注意安全生产，按要求做好防护措施;在指导教师及实验员的指导下正确操作仪器设备，未经许可不得随意操作设备。

(4)爱护公物，不得随意拿走实训器材，或损坏实训器具，违者将严肃处理;节约、合理使用实习原料，不得随意浪费实训原料，违者按价赔偿。

2.4　相关单位和人员职责

2.4.1　教务主管部门职责

(1)研究制定学院实践教学安全管理的各项规章制度,并组织实施。

(2)负责实习实训等实践教学环节计划审核。

(3)成立学院建筑施工综合实训安全巡查组,代表学院负责建筑施工综合实训的安全巡查工作。

(4)负责学生实习实训教学过程中重大突发事件的处理。

(5)负责督察各专业系学生实习实训安全管理规定的落实情况。

2.4.2　教学实施部门职责

(1)研究国家规定的实习方针、政策,执行学校有关实习实训的决定决议,督促各专业按时高质量地完成实习实训任务。

(2)加强实习实训教学管理和指导教师的考核工作,健全各项管理制度,确保实习实训教学工作的正常开展。

(3)根据学校教学计划,督促检查实习实训教学进度和实习实训教学质量,在实习实训中加强对学生安全教育、技术业务指导和职业道德教育。

(4)负责学生各类技能训练和培训工作,协助其他科室做好学生职业技能鉴定的组织、培训和考证等工作。

(5)加强实训指导教师队伍建设,制订实训教师队伍的培养计划,做好教师与校外业务联系、培训工作。

(6)督促实训室管理人员对实训设备的维修保养工作,确保实训设备的正常使用。

(7)做好全校实训教学设备的登记收发、维修报损等工作。

(8)完成学校交办的其他任务。

2.4.3　实训单位职责

实训单位在提供对口的生产一线专业技术岗位,落实具体施工综合实训任务的同时,需做好实训学生的入厂安全教育及日常安全管理工作;企业指导教师有对实训学生岗位安全操作等进行安全教育的责任与义务。

2.4.4　指导教师职责

实训指导教师在学校和教务处的领导下,负责本专业的具体实训工作,其主要职责如下:

(1)实训组成员应既分工又合作,团结一致,职责明确,主动性强,积极完成各项实训任务。

(2)学生首次进入实训场地之前,必须提前对学生进行设备安全操作规程的全面教育，在实训中始终将安全教育放在首位。

(3)根据实训课程要求认真制订实训教学计划，提前撰写实训教案，实训结束，及时将计划表、教案、实训成绩单等资料送教务处留存。

(4)实训过程中，要求指导教师明确教学目标，讲解通俗易懂，示范清晰到位，一是考工考证，二是技能竞赛。

(5)扎实做好过程性管理工作，每日必须有过程性考核，教师对学生违纪现象要及时遏制并正确处理，努力提高每位学生的实训质量。实训结束，按要求进行“模拟式”的考核，并将平时考核成绩和实训考核成绩一起上交教务处存档。

(6)每天实训结束，指导教师组织学生整理、归并工量器具，打扫场地，必要时还需保养维护设备，人员离场要做好拉闸断电、关门关窗等工作。

(7)实训教学中如遇突发状况(如仪器设备严重故障、发生事故等)，要及时向教务处负责人报告并及时做好应急处理，防止事态扩展，以避免引起不必要的损失，并认真做好相关记录。

(8)指导教师在做好学生实训指导的同时，指导学生做好实训过程性记录。

(9)对故意损坏学校实训的各种工具、设施者，应及时统计并上报，由学校作相关处理和赔偿。

2.4.5 学生职责

为了加强实训室的管理，增加实训室的规范性，保证教学的顺利进行，特制定如下守则，希望各学生严格遵守：

(1)实训前认真预习实训教材和实训指导书，明确实训目的、实训原理、实训内容和基本操作要求；了解实训设备的使用方法，熟悉“实训室操作规程”。

(2)进入实训场地，必须服从安排，严格遵守安全操作规程，爱护好设施设备，严禁私接其他用电设备(如手机充电等)。

(3)实训期间不得吃零食、乱扔杂物，不准随便讲话，不能大声喧哗干扰他人学习，不得做与实训无关的事。对违反劳动纪律及操作规程、不听劝告者暂停实训，情节严重者取消实训资格。

(4)实训期间学生不得随意离开自己的工位，应注意人身安全和设备安全，如遇疑难或突发性情况，应立即告知指导教师。

(5)听从指导教师安排，按指定的实训位置进行实际训练，不得随意移动和交换实训仪器设备，做到定岗、定位、定责任。

(6)下课时应按正常操作程序关闭仪器、设备，并自觉整理、安放工量具，完成本工位的清洁卫生工作后方可离开。

(7)学期实训结束，每位同学围绕实训过程中知识、技能、思想、与同学协作等方面，完成《实训小结》一份，由指导老师统一收齐，签名后交实训处存档。

(8)指导老师指定专人负责记载《实训情况日志表》，以加强过程性管理，提高实训质量。

(9)对非本校的实训项目，每位学生每天需完成《学生实习日记》，实训结束，也由指导老师统一收齐，交实训处留档。

第3章 实训技术要求

3.1 实训安全管理规定

3.1.1 安保制度

(1)出入实训室应注意锁好门。对于有客人进出实训室,管理人员应负责该客人的安全防范工作。最后离开实训室的人员必须自觉检查和关闭所有门窗、锁定防盗装置。应主动拒绝陌生人进出实训室。

(2)工作人员离开工作区域前,应保证工作区域内保存的重要文件、资料、设备、数据处于安全保护状态。

(3)外来人员进入必须有专门的工作人员全面负责其行为安全。

(4)未经主管领导批准,禁止将实训室相关的钥匙、物品和信息外借或透露给其他人员,同时有责任对实训基地信息保密。对于遗失钥匙、泄露信息的情况要即时上报,并积极主动采取措施保证安全。

(5)管理人员对实训基地安全制度上的漏洞和不完善的地方有责任及时提出改善建议。

(6)禁止带领与实训基地工作无关的人员进出工作场所。

(7)绝不允许与实训室工作无关的人员直接或间接地操纵任何设备。

(8)出现盗窃、破门、火警、水浸、110报警等严重事件时,管理人员有义务以最快的速度和最短的时间到达现场,协助处理相关的事件。

3.1.2 用电安全制度

(1)管理人员应学习常规的用电安全操作和知识,了解实训室内部的供电、用电设施的操作规程。

(2)管理人员应经常学习、掌握实训室用电应急处理步骤、措施和要领。

(3)实训基地应安排有专业资质的人员定期检查供电、用电设备、设施。

(4)不得乱拉乱接电线,应选用安全、有保证的供电、用电器材。

(5)在真正接通设备电源之前必须先检查线路、接头是否安全连接,以及设备是否已经就绪、人员是否已经具备安全保护。

(6)严禁随意对设备断电、更改设备供电线路,严禁随意串接、并接、搭接各种供电线路。

(7)如发现用电安全隐患,应即时采取措施解决,不能解决的必须及时向相关负责人员提出解决。

(8)管理人员对个人用电安全负责。外来人员需要用电的,必须得到管理人员允许,并使用安全和对实训设备影响最小的供电方式。

(9)管理人员需要离开当前用电工作环境,应检查并保证工作环境的用电安全。

(10)最后离开实训室的工作人员,应检查所有用电设备,应关闭长时间带电运作可能会产生严重后果的用电设备。

(11)禁止在无人看管下在实训室中使用高温、炽热、产生火花的用电设备。

(12)在使用功率超过特定瓦数的用电设备前,必须得到上级主管批准,并在保证线路保险的基础上使用。

(13)在危险性高的位置应张贴相应的安全操作方法、警示以及指引,实际操作时应严格执行。

(14)在外部供电系统停电时,管理人员应全力配合完成停电应急工作。

(15)应注意节约用电。

3.1.3 消防安全制度

(1)管理人员应熟悉实训基地内部消防安全操作和规则,了解消防设备操作原理,掌握消防应急处理步骤、措施和要领。

(2)任何人不能随意更改消防系统工作状态、设备位置。需要变更消防系统工作状态和设备位置的,必须取得主管领导批准。工作人员更应保护消防设备不被破坏。

(3)应定期进行消防演习、消防常识培训、消防设备使用培训。

(4)如发现消防安全隐患,应及时采取措施解决,不能解决的,应及时向相关负责人员提出解决。

(5)应严格遵守张贴于相应位置的操作规程和安全警示及指引。

(6)最后离开的管理人员,应检查消防设备的工作状态,关闭将会带来消防隐患的设备,采取措施保证无人状态下的消防安全。

3.1.4 实训学生安全教育

安全教育的内容归纳起来包括三个方面,即安全知识教育、安全技能教育、安全意识教育。

3.1.4.1 安全知识教育

安全知识教育是要解决“应知”的问题,其内容包括安全生产技术知识和安全管理知识两个方面。

1.安全生产技术知识教育

安全生产技术知识可分为一般安全生产技术知识和专业安全技术知识,前者是就全体实训实习学生而言的,后者是就具体专业工种实训实习而言的。

一般安全生产技术知识是指施工企业全体职工在进行生产活动时必须具备的最基本的安全知识,主要包括下列内容:

(1)施工现场安全生产的基本概况、生产方法和工艺流程。

(2)施工现场内作业环境中特别危险的部位和区域,如“四口”(楼梯口、升降口、预留洞口、通道口),高处作业的梯子、跳板(特别是“探头板”)、马道、架子、栏杆及安全网、高空坠物等,以及其他安全防护基本知识和注意事项。

(3)有关电气设备(动力、照明)线路使用的基本常识。

(4)各种常用的机具及防护装置的使用常识和维护管理知识。

(5)生产中有毒、有害物质的安全防护基本知识。

(6)施工中的消防知识。

(7)个人防护用品的使用保管知识。

(8)施工企业安全生产通则。

(9)伤亡事故报告、救护、现场保护、事故分析知识。

专业安全技术知识是指从事特种作业的人员应具备的安全技术知识,它集中反映在专业安全技术操作规程中,如锅炉、变压器、高压容器、起重机械、电气、焊接等专业安全技术操作规程。因此,在进行安全教育时,应以各专业的安全技术操作规程为基础。

2. 安全管理知识教育

科学技术的现代化正在促进传统的安全管理向科学管理转变。在转变的进程中,普及现代安全管理知识,掌握先进的安全管理方法,是搞好安全生产的重要手段。现代安全管理知识教育应以安全系统工程为核心,从以下几个方面入手:

(1)安全生产目标管理技术,即以目标管理的思想作为基本指导思想,确定目标制定的依据以及管理方法等。

(2)事故管理技术,包括事故调查、统计及分析方法等。

(3)系统安全分析,包括事故预测、预防技术(分析、评价、判断、决策)等。

(4)安全管理中的信息流通。

(5)电子计算机在安全管理中的应用与开发技术。

3.1.4.2 安全技能教育

安全技能教育是要解决“应会”的问题。从“知”到“会”,必须经过反复长期的训练,逐步形成习惯的条件反射式的准确操作姿势和作业动作。因此,安全技能教育是要在一定的条件下,经过较长时间的培训才能完成的,安全技能教育应该贯穿于实训实习的全过程。

安全技能教育一般在生产施工现场或实训室进行,从操作方法、操作步骤、动作要领(姿势、力度、动作范围)等方面进行讲解和训练。在进行技能教育时,可由指导教师边讲边做示范动作。实训实习学生可根据所学的知识对照实物,边看边模仿,反复练习,也可以采取观看标准作业动作的分解动作挂图、录像带、各种施工作业记录视频、幻灯片等方式进行学习和掌握。

3.1.4.3 安全意识教育

由于嫌麻烦、图省事、抱着侥幸心理等原因而违反操作规程以致发生事故的教训非常普遍。这就说明,即使人人都知道、都会做的事情,并不等于人人都能做到,即使主观上愿意去做到,也并不一定能保证时时、事事、处处都能做到。因此,应在思想上提高对安全生产重要性的认识,端正态度,使人人、时时、事事、处处想到和做到安全生产。安全意识教育是施工实训实习管理工作中一项经常性的工作。

1. 安全意识教育工作的任务与目的

安全意识教育应使实训实习学生深刻认识到党和国家对安全工作的重视是对全体劳动者的关怀，了解安全工作与社会主义现代化建设以及个人、家庭、企业切身利益的关系等。

2. 安全生产方针、政策、法规

实训实习学生应了解安全生产的方针、政策，以及有关安全法规和规章制度等，以及独立的劳动保护法规中的安全管理制度和各项标准。另外，实训实习学生还应了解专业性和地方性的安全规程与标准、企业中的规章制度等，因为这些都是约束人们行为的准则。实训实习学生应树立"安全就是法"的观念，增强搞好安全生产的自觉性。

3. 安全与生产的辩证关系

安全寓于生产之中，两者之间存在着密切的、不可分割的关系。如果没有生产，安全问题就不存在。相反，如果在生产中没有基本的安全条件，生产也将无法顺利、有效地进行。学生应从安全教育中列举的已往施工工地发生安全事故的严重后果中吸取教训，深刻认识到发生伤亡事故给生产和人民生命、国家财产所造成的巨大损失，从而提高搞好安全生产的自觉性和安全意识，并将这种自觉性与意识在实训实习过程中体现出来。

3.2 实训技术管理规定

针对不同的实训项目，要求学生熟悉并掌握相关的工艺标准、规范及规程，这里的技术管理规定涵盖实训中涉及的主要规范、规程。

3.2.1 工程建设国家标准

(1)《工程测量规范》(GB 50026—2007)。
(2)《建设工程施工现场供用电安全规范》(GB 50194—93)。
(3)《建筑地基基础工程施工质量验收规范》(GB 50202—2002)。
(4)《砌体工程施工质量验收规范》(GB 50203—2011)。
(5)《混凝土结构工程施工质量验收规范》(GB 50204—2002)。
(6)《钢结构工程施工质量验收规范》(GB 50205—2001)。
(7)《木结构工程施工质量验收规范》(GB 50206—2012)。
(8)《屋面工程质量验收规范》(GB 50207—2012)。
(9)《地下防水工程质量验收规范》(GB 50208—2011)。
(10)《建筑地面工程施工质量验收规范》(GB 50209—2010)。
(11)《混凝土强度检验评定标准》(GBJ 107—87)。
(12)《建筑装饰装修工程质量验收规范》(GB 50210—2001)。
(13)《组合钢模板技术规范》(GB 50214—2001)。
(14)《建筑工程抗震设防分类标准》(GB 50223—2008)。
(15)《建筑工程施工质量验收统一标准》(GB 50300—2001)。

(16)《建筑电气工程施工质量验收规范》(GB 50303—2002)。
(17)《建筑给水排水及采暖工程施工质量验收规范》(GB 50242—2002)。
(18)《通风与空调工程施工质量验收规范》(GB 50243—2002)。

3.2.2 工程建设行业标准(JGJ)

(1)《建筑机械使用安全技术规程》(JGJ 33—2001)。
(2)《轻骨料混凝土技术规程》(JGJ 51—2002)。
(3)《普通混凝土用砂、石质量及检验方法标准》(JGJ 52—2006)。
(4)《建筑施工安全检查标准》(JGJ 59—2011)。
(5)《建筑工程大模板技术规程》(JGJ 74—2003)。
(6)《施工企业安全生产评价标准》(JGJ/T 77—2010)。
(7)《建筑地基处理技术规范》(JGJ 79—2002)。
(8)《建筑施工高处作业安全技术规范》(JGJ 80—91)。
(9)《建筑钢结构焊接技术规程》(JGJ 81—2002)。
(10)《建筑桩基技术规范》(JGJ 94—2008)。
(11)《高层民用建筑钢结构技术规程》(JGJ 99—98)。
(12)《塑料门窗工程技术规程》(JGJ 103—2008)。
(13)《建筑施工木脚手架安全技术规范》(JGJ 164—2008)。
(14)《建筑工程资料管理规程》(JGJ/T 185—2009)。
(15)《建筑与市政工程施工现场专业人员职业标准》(JGJ/T 250—2011)。

3.2.3 现行国家建筑标准设计图集

(1)混凝土结构施工图平面整体表示方法制图规则和构造详图(现浇混凝土框架、剪力墙、梁、板)(11G101-1)。

(2)混凝土结构施工图平面整体表示方法制图规则和构造详图(现浇混凝土板式楼梯)(11G101-2)。

(3)混凝土结构施工图平面整体表示方法制图规则和构造详图(独立基础、条形基础、筏形基础及桩基承台)(11G101-3)。

3.3 实训进度管理规定

3.3.1 实训前准备

(1)任课教师必须做好课前准备工作,包括上课所需各类实训教学文件、模型、仪器、设备等,实训教材(讲义)或指导书应在课前发到学生手中。

(2)学生第一次上实训课,实训任课教师负责向学生全面介绍实训室概况、实训室的设施和仪器设备、实训室的管理规章制度、注意事项、安全防范措施及课堂纪律等。

(3)凡需预习的实训课程,任课教师应提前通知学生,学生必须按要求完成实训预习,经任课教师抽查合格,方可上课。

(4)根据实训课程的特征选择适合的教学形式,根据设备配置做好学生分组,保证每个学生都能按实训教学大纲规定的时间和内容充分动手,独立操作,培养认真、实事求是的科学作风,训练规范的操作方法,养成良好的工作习惯,注重与生产实践相结合。

3.3.2 实训过程中

(1)清点学生人数,按照课程要求进行分组,凡无故不上实训课或迟到十分钟以上者,均以旷课论处。

(2)任课教师必须按照实训教学大纲的进度规定和授课时间要求,完成实训课程教学任务,教学中应严明课堂纪律,保证实训秩序,认真负责;确保学生独立完成课程内容。

(3)任课教师要做到:勤巡视,了解学生实训情况;勤提示,启发学生思考;勤示范,规范学生的正确操作方法。坚持高标准要求,坚持发挥学生的独立性,坚持人人动手操作。

(4)学生必须认真上好每一节实训课,掌握理论知识和实践操作,做好实训(验)数据记录和分析,实训(验)结束,任课教师要对学生实训结果进行审核并签字,有错误的要求纠正或重做。

3.3.3 实训结束后

(1)实训结束后,学生要按规定清理场地,检查仪器设备状况,整理好各种物品,经任课教师同意后,方可离开实训场地,若发现问题,要及时上报处理。

(2)实训过程中,对违反规章制度、操作规程或不听指导的学生,任课教师有权停止其实训,对造成事故者、损坏仪器设备者、丢失工具者,均应追究其责任,并严格按学院有关规定处理。

3.4 实训质量管理规定

(1)实训指导教师要按照实训教学大纲和实训指导书编写实训教案。进行实训教学前,指导教师、管理人员应提前做好准备工作,保证实训效率。

(2)实训指导教师应当提前一周将实训项目通知学生,并布置预习任务。学生在实训前,指导教师要检查学生预习情况,并进行规范指导。

(3)实训开始时,实训指导教师要讲解实训的目的、要求、内容与方法及注意事项,并进行相关的操作演示。实训过程中,实训指导教师要做好指导工作,检查学生操作情况,引导学生采取正确的实训方法,帮助学生分析出现的各种现象。每次实训课,指导教师要认真填写“实训日志”。

(4)实训指导教师要认真批改实训报告,评定成绩,实训报告由指导教师评定成绩后,交系部存档。

(5)实训结束,实训指导教师要认真组织学生进行总结,并填写校内实训教学总结报告表,交系部存档。

(6)教务处负责校内实训教学质量的督导管理,通过组织听课、检查、抽测学生操作能力、检查学生实训报告完成情况等，了解和检查各门实训课的教学质量，及时解决实训教学中出现的问题。

3.5 实训资料管理规定

(1)《实训教学大纲》是组织实训教学工作、检查实训教学质量、评价实训教学效果、编写实训教材和装备实训教学设施的依据。

《实训教训大纲》应体现培养目标对学生在知识与技能、过程与方法、工作态度与价值观等方面的基本要求，并规定实训课程的性质、目标、内容及深度、教学进度、教学方法和评价意见等内容。

(2)凡专业教学计划设置的实训课程，应由学院教务处或实训中心负责编制实训教学大纲统一格式，并组织各系、专业有丰富教学经验和相应教学管理经历的人员拟订(修改)，专业主任负责审核，经系组织专家论证确定，教务处(实训中心)备案，分管院长批准。实训教学大纲的制定和编写应列入教学科研工作。

(3)实训教学大纲的编写应遵循科学性、可行性、实践性、整体优化的原则，具体内容及要求如下：

①本实训教学课程在专业人才培养中的地位及作用；

②本实训教学课程应达到的培养目标(目的)；

③学生应掌握的基本理论知识和基本技能；

④实训项目的选定和学时分配，明确各实训项目应达到的目的和要求；

⑤选定实训教材(讲义)或实训指导书；

⑥实训教学的考核办法。

(4)为了保证实训教学目标的实现，实训项目的选定必须符合实训教学的规律，杜绝随意性、草率性。确定实训项目(内容)应遵循以下原则：

①服从培养目标的总要求，对传统型实训(验)项目进行认真筛选和更新。

②注意培养学生实际动手操作能力、自学能力、独立观察、分析、处理问题的能力。

③循序渐进，由易到难，基础课(实验)应在安排基本训练和必要的理论验证的基础上，适当安排一些设计性实验；专业课(实训)应结合工作实践，多安排综合型、设计型、技能型实训项目。

④注意课程之间的相互衔接和相互配合。

⑤因材施教，有必做实训(验)课，也有选做的实训(验)课。

⑥除必要的经典实训(验)项目外，所选实训(验)项目应具有适用性。

做到从内容要求到具体方法和设备配置，力求反映当代社会需求、学科需求和现代科技水平，特别是专业课应注重将国家急需的技术领域和科技成果引入实训教学。

(5)实训课必须有实训教材或指导书，学院规定应尽量选用较高质量的教材或指导书，也可根据实训课程自身特点和要求，组织有丰富教学经验的实训指导人员编写实训教材(讲义)或实训指导书，经教务处批准后使用。

(6)实训教材、指导书或讲义。

基本内容应包括：实训目的、性质、任务、原理、方法步骤、操作方法、技能训练和注意事项等，实训教材的内容要与理论教学内容相结合，以适应社会应用型人才培养的需要。

其他实训教学文件（如：挂图、表格、课件、实训仪器设备使用说明书和操作规程等）也是进行实训教学所必备的材料，任课教师应根据实训教学大纲要求，精选或编制。

(7)实训课任课教师必须认真备课进教室，应根据课程计划在开课前有两周以上的教案，不准无教案上课。

教案格式：包括首页、备课笔记和教学后记三个部分内容。首页反映教学基本要素；备课笔记反映教学的基本内容和因材施教的构想与创意；教学后记反映教学得失与改进措施。

第4章 实训项目

实训项目一 某砖混结构施工综合实训

本项目实训导言

砖混结构工程是指在建筑工程中使用普通黏土砖、承重黏土空心砖、蒸压灰砂砖、粉煤灰砖、各种中小型砌块和石材等材料进行砌筑的工程。包括砌砖、石、砌块及轻质墙板等内容。砌砖、砌石、砌块砖砌体对砌筑材料的要求,组砌工艺,质量要求,以及质量通病的防治措施。砖混结构在我国有悠久的历史,是应用最为广泛的结构形式之一。

砖混结构施工综合实训任务分解见表4-1。

表4-1 砖混结构施工综合实训任务分解

序号	实训子任务	实训地点	实训类型	时间(天)
1	实训1 砖混结构识图	建筑模型室	资料填写	1
2	实训2 土方施工方案编制	实训基地	技术文件编制	2
3	实训3 定位测量	实训基地	动手操作	1
4	实训4 砖墙砌筑实训	实训基地	动手操作	1
5	实训5 脚手架专项施工方案编制	实训基地	技术文件编制	1
6	实训6 构造柱和地圈梁施工实训	实训基地	动手操作	3
合计				9天

实训1 砖混结构识图

【实训背景】

图纸是工程师沟通的语言,也是设计意图转化为工程实体的工具,那么图纸对于工程技术人员的重要性是不言而喻的。建筑识图是建筑工程专业的必修课,是从事建筑行业的基础知识,建筑识图也是学习工程造价及其他专业课的基础。因此,要求相关专业学生必须掌握一定的识图技能,为以后的就业上岗打下坚实的基础。

【实训目的】

1 能力目标

(1)学生在掌握了投影的基本理论和制图的基本知识以后,通过实训使学生具有完全读懂工程图纸的本领和一丝不苟的工作作风。

(2)培养学生阅读砖混结构施工图的实际操作能力,为他们将来从事砖混结构工程施工管理工作打下扎实的专业基础。

2 知识要点

(1)能说出图样的基本内容、格式、基本画法等并能熟练地陈述投影的基本知识。

(2)能够明确建筑施工图的形成、内容、图示和识读方法及建筑详图的内容和作用。

(3)能够熟悉砖混结构施工图的主要内容、用途和常用构件施工图的表示方法。

【实训任务】

给定某砖混结构工程图纸,限定时间,由学生查阅有关建筑专业的规范条文,识读房屋施工图。要求在规定的时间内完成以下实训任务:

(1)识读一套建筑施工图纸,完成建筑施工图识读;了解建筑施工图包括哪些图纸,掌握建筑施工图的识读要求和方法。

(2)识读建筑设计说明书、总平面图、各层平面图、立面图、剖面图和详图,小组协作提交识读报告,并个人完成建筑施工图的抄绘。

(3)识读一套结构施工图纸,完成结构施工图识读。识读结构设计说明、基础图、结构平面布置图、结构构件详图,写出识读报告,小组协作提交识读报告,并个人完成结构施工图的抄绘。

【实训组织】

1 地点

校内建筑模型室、校内施工实训基地模拟办公室。

2 时间

实训时间为1天,见表4-2。

表4-2 实训时间安排

步骤	实训内容	时间(天)	实训指导教师	指导方式
1	识读施工图、熟悉资料	0.5	1人	现场答疑
2	编制识图报告及施工图抄绘	0.5	1人	巡视指导
合计		1		

3 组织

指导教师提前将实训相关资料发给学生，让学生进行预习。实训开始时，指导教师先利用2个学时在教室进行简单的讲解，然后对本次实训的任务进行说明。实训时学生应按每5人一组进行，每组设组长一名。实训开始前，每组应先讨论本组的实施计划和人员分工。

4 材料机具

某砖混结构工程图纸。

【实训步骤】

1 实训准备

熟悉任务，5人一组，角色分工，熟悉砖混结构建筑施工图、结构施工图。

复习建筑施工图的常见的图例符号，建筑施工规范，标准施工图集。

2 识图的方法和一般步骤

一套完整的图纸应包括图纸目录、设计总说明、建筑施工图、结构施工图、设备施工图。本实训主要针对的是建筑施工技术专业的学生，所以在这里只讲解建筑施工图和结构施工图的识读。

识图的一般方法应是采取"总体了解，对口识读"的方法。总体了解指的是应总体了解建设单位、设计单位、建筑物名称、建筑物轮廓尺寸、建筑面积和层数与建筑物类型等内容；对口识读指的是根据工种的不同，各工种的技术人员看本工种的图纸，如电气工程人员看电气施工图，给排水工程人员看给排水施工图。看图时一般按图纸顺序从前到后一张一张地看。

3 建筑施工图的识读

首先要了解建筑施工的制图方法及有关的标准，看图时应按一定的顺序进行。建筑施工图的图纸一般较多，应该先看整体，再看局部；先宏观看图，再微观看。具体步骤如下。

3.1 看图纸设计

看建筑施工图的比例、图线、定位轴线及其编号、尺寸和标高、图例及代号、索引符号和详图符号、指北针及风玫瑰图。

3.2 初步识读建筑整体概况

(1)看工程的名称、设计总说明：了解建筑物的大小、建筑物的类型、技术经济指标、室内室外的装修标准；重点关注说明中有关材料的选用、技术指标；有关重点部位的关键技术要求。

(2)看总平面图：看总平面图可以知道拟建建筑物的具体位置，以及与四周的关系。

具体的有周围的地形、道路、绿地率、建筑密度、日照间距或退缩间距等。

(3)看立面图:初步了解建筑物的高度、层数及外装饰做法等。

(4)看各层平面图:初步了解各层的平面图布置、房间布置等。

(5)看剖面图:初步了解建筑物各层的层高、建筑物总高度、各楼层关系、是否有地下室及其深度、室内外高差等。

3.3 进一步识读建筑图详细情况

(1)识读底层平面图:识读底层平面图,可以知道轴线之间的尺寸、房间墙壁尺寸、门窗的位置等。知道各空间的功能,如房间的用途、楼梯间、电梯间、走道、门厅入口等。

(2)识读标准层平面图:识读标准平面图,可以看出本层和上下层之间是否有变化,具体内容和底层平面图相似。

(3)识读屋顶平面图:识读屋顶平面图,可以看出屋顶的做法。如屋顶的保温材料、防火做法等。

(4)识读剖面图:识读剖面图,首先要知道剖切位置。剖面图的剖切位置一般是房间布局比较复杂的地方,如门厅、楼梯等,可以看出各层的层高、总高、室内外高差,了解空间关系。

(5)识读立面图:从立面图上,可以了解建筑的外形、外墙装饰(如所用材料、色彩)、门窗、阳台、台阶、檐口等形状,了解建筑物的总高度和各部位的标高。

3.4 深入掌握具体做法

经过对施工图的识读以后,还需对建筑图上的具体做法进行深入掌握。如卫生间详细分隔做法、装修做法、门厅的详细装修、细部构造等。

4 结构施工图的识读

结构施工图的识读首先应了解结构施工图的基本画法、内容、构造做法、相关图集和规范。识图时一般按照图纸编号相互对照地识读。

4.1 看图纸说明

从图纸说明上可以看出结构类型、结构构件使用的材料和细部做法等。

4.2 看基础平面图

基础施工图上可以看出以下内容:

(1)基础的构造形式。如条形基础、独立基础、片筏式基础、箱形基础等。

(2)轴线的编号、位置、间距等。

(3)基础的具体尺寸和做法。如砖条形基础底部标高、垫层的宽度和厚度、砖基础的大放脚步数等。

4.3 看结构平面图

看结构平面图可以了解砖混结构墙、构造柱、梁的布置和轴线编号;可以从结构平面图上得知现浇板厚度、钢筋布置等。看结构图时应和建筑图对照着看,建筑与结构图尺寸不同时,应以结构图为准。

4.4 看结构详图

结构详图,有的在施工图上画出,有的则在标准图集上或规范上,都要详细看,按照设计和施工规范要求进行施工。

5　识图范例

以建筑施工实训基地图纸(⑥～⑩轴线之间)为例,来识读砖混结构施工图。

5.1　基础

从基础平面图(结施－6)中可以看出:

(1)该砖混结构基础是条形基础。

(2)横向定位轴线有⑥～⑨四条,轴线间的尺寸依次是3 300 mm、3 300 mm、3 000 mm、3 000 mm;纵向定位轴线有Ⓐ～Ⓒ四条,轴线间的尺寸依次是6 200 mm、4 500 mm、2 300 mm;其中6 200 mm是由3 800 mm和2 400 mm两部分组成。

(3)基础的剖面数量:1—1、2—2两个。

(4)地圈梁:从结施－6右下角可以看出,基础墙体在标高－0.060位置设置地圈梁,截面尺寸为370 mm×240 mm和240 mm×240 mm两种截面,配筋分别为6 Φ12和4 Φ12,遇洞口时,圈梁底部增加2 Φ14,加筋长度为洞口宽度加500 mm,增加分别设置在不同墙厚的墙体上。

从基础选用表可以看出:

(1)基础详图所选用的图集,基础1、2的基础选型及剖面形式在图集所处的位置。

(2)基础的基础底标高均为－1.900 m。

(3)通过查询图集应了解基础的顶标高、基础的宽度、基础的配筋情况、基础所使用的材料及断面形式。

5.2　构造柱

在墙体的转角处、纵横墙相交处均设置有构造柱,构造柱截面与墙同高,同墙变截面,由于墙截面尺寸不同,构造柱的截面尺寸有370 mm×370 mm、240 mm×370 mm、240 mm×240 mm。配筋也不尽相同,截面为370 mm×370 mm的构造柱的主筋为8 Φ14,箍筋直径为6 mm,间距加密区为100 mm,非加密区为200 mm;截面为240 mm×370 mm的构造柱的主筋为6 Φ14,箍筋直径为6 mm,间距加密区为100 mm,非加密区为200 mm;截面为240 mm×240 mm的构造柱的主筋为4 Φ14,箍筋直径为6 mm,间距加密区为100 mm,非加密区为200 mm。在Ⓑ轴线上有一个GZ2,通到3.570 m处,GZ2的截面尺寸是370 mm×240 mm,其配筋是主筋为6 Φ12,箍筋直径为6 mm,间距加密区为100 mm,非加密区为200 mm。在墙体中部还存在一些其他构造柱,这些构造柱与墙同高,截面尺寸同墙变截面,有370 mm×370 mm、240 mm×370 mm、240 mm×240 mm三个截面形式,其主筋分别为8 Φ12、6 Φ12、4 Φ12,箍筋直径均为6 mm,间距加密区均为100 mm,非加密区均为200 mm。

5.3　圈梁

从结施－9和结施－11中可以看出,圈梁在各层楼板均设,圈梁的顶标高与楼面标高相同,圈梁沿墙均设。圈梁位于楼面处的圈梁截面尺寸有$b\times h=370$ mm×200 mm和$b\times h=240$ mm×200 mm两种,纵筋均为4 Φ12,箍筋均为Φ6@200;遇洞口时,圈梁底部增加2 Φ14,加筋长度为洞口宽度加500 mm,增加分别设置在不同墙厚的墙体上。

从结施－11中看出,位于屋顶下的圈梁截面尺寸为$b\times h=240$ mm×200 mm,纵筋为

4 Φ12，箍筋为Φ6@200，圈梁顶标高与屋面标高相同，遇洞口时，圈梁底部增加2 Φ14，加筋长度为洞口宽度加500 mm，增加分别设置在不同墙厚的墙体上。

5.4 梁

从图4-1中可以看出，该板布置有L1、L2、L3、L4四根梁，以L1为例来识读：

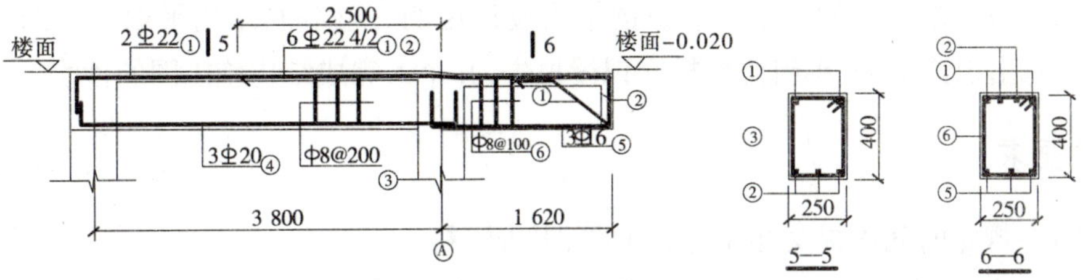

图4-1 L1梁结构

从图4-1中可以看出，该梁的主跨跨度是3 800 mm，一边带悬挑梁，挑梁顶面标高比主跨梁顶低20 mm，梁截面尺寸 $b \times h$ = 250 mm × 400 mm；梁底部受力钢筋为④3 Φ20，伸入支座内进行锚固；梁上部钢筋①2 Φ22为通筋，②号钢筋为悬挑跨上部加筋，伸入主跨内2 500 mm进行锚固，双排布置，悬挑端箍筋直径为8 mm，间距100 mm。主跨内箍筋直径为8 mm，间距为200 mm。悬臂梁跨度为1 620 mm，悬臂梁截面尺寸 $b \times h$ = 250 mm × 400 mm。

5.5 板

以下面截取的一部分板结构图（见图4-2）为例，来说明板的结构施工图的识读。

板内布置的钢筋一般有受力筋、分布筋、支座负筋、温度筋、其他（马凳筋、洞口加筋等）。该板配筋图用的是传统标注方法表示的，现以Ⓑ～Ⓒ和①～②之间的板来说明：

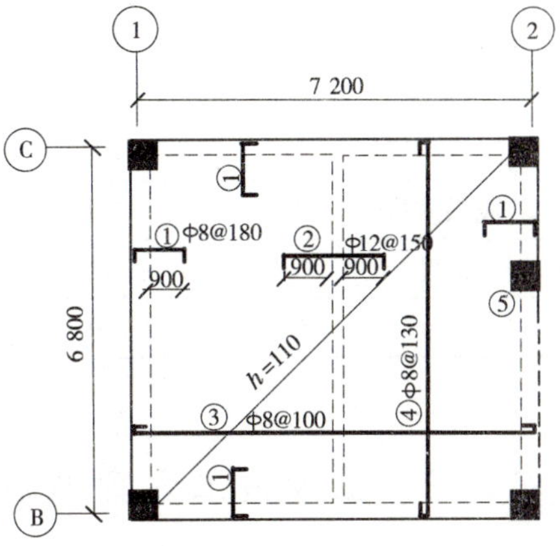

图4-2 板结构

由图4-2可以看出：板厚为110 mm，双向板，沿两个方向布置受力钢筋，短边方向钢筋③在底部，长边方向的受力钢筋④在短向钢筋之上，①号钢筋为边支座负筋，Φ8@180；②号钢筋为中间支座负筋，Φ12@150。

【实训成果】

(1)识读并抄绘建筑施工图。识读建筑设计说明书、总平面图、各层平面图、立面图、剖面图和详图,小组协作提交识读报告,并个人完成建筑施工图的抄绘。

(2)识读并抄绘结构施工图。识读结构设计说明、基础图、结构平面布置图、结构构件详图,写出识读报告,小组协作提交识读报告,并个人完成结构施工图的抄绘。

【技术要求】

(1)在规定时间内提交绘制的施工图、报告资料。

(2)实训报告资料体会不能照搬照抄,应该写自己识图的过程和心得体会,书写要规整。

【实训考核】

该项目考核评价标准如表4-3所示。

表4-3 砖混结构识图实训成绩评定表

考核评定方式	评定内容	分值	学生得分
小组自评	工作态度	10	
	绘图规范性	10	
	材料完整性	10	
	进度	10	
小组互评	成果质量	10	
教师评定	考勤	10	
	工作态度	10	
	成果质量	20	
	进度	10	
合计		100	

实训2 土方施工方案编制

【实训背景】

密切结合建筑施工实训基地的图纸文件和现有条件,建立以施工过程为导向的实训项目。作为施工方接受业主方的委托,对建筑施工实训基地工程进行土方施工,编制土方施工方案并提交土方施工书面技术交底。

【实训目标】

1 能力目标

(1)能根据施工图纸和现场实际情况进行土方施工方案的合理选择。
(2)能根据施工图纸和现场实际情况制定土方施工技术交底。
(3)能正确计算土方工程量。
(4)能合理选择土方施工机械并掌握各类机械安全操作规程。
(5)能进行土方工程施工质量检测与评价。

2 知识要点

土方开挖、回填施工工艺,土方机械,质量标准。

【实训任务】

以小组为单位对本工程进行土方施工方案的编制。

【实训类型】

观看施工录像、仿真挖掘机虚拟实训平台、编制技术方案。

【实训组织】

1 地点

建筑施工实训基地内业工作室。

2 时间

实训时间为2天,见表4-4。

表4-4 实训时间安排

步骤	实训内容	时间(天)	实训指导教师	指导方式
1	识读施工图,熟悉资料,观看录像	1	1人	现场答疑
2	编制土方施工方案	1	1人	巡视、指导
合计		2		

3 组织

在建筑施工实训基地内业工作室,计划5人为一组,熟悉基础施工图、地形图、地质勘察报告等。然后每人根据基础资料在指导教师的指引下完成土方施工方案的编制。

4 材料机具

施工图纸、地质勘察报告等。

【实训步骤】

1 实训准备

熟悉任务,5人一个小组,角色分工,熟悉基础施工图、地形图、地质勘察报告等。

2 编制土方施工方案

每人根据任务资料在指导教师的指引下完成土方施工方案的编制。

2.1 土方施工方案编制内容

(1)土方工程概况及特点。

(2)土方工程施工总体布署。

(3)土方工程施工准备工作。

(4)土方施工现场平面布置图。

(5)土方施工测量、定位放线。

(6)土方工程施工方法及技术措施。

(7)土方工程质量保证措施。

2.2 土方施工方案编制要点

2.2.1 土方开挖机械的选择

(1)查找施工手册,了解常用土方施工机械的名称、作业特点、适用范围等。了解选用土方施工机械的作业方法及提高生产效率的方法等。

(2)针对图纸和地质勘察报告及施工现场实际情况,选择土方施工机械,并说明选择理由。

2.2.2 土方机械作业方法的选择

(1)查找施工手册,了解选用土方施工机械的作用方法及提高生产率的方法等。

(2)针对图纸和地质勘察报告及施工现场实际情况,选择土方施工机械的作业方法及提高生产效率的方法,并说明理由。

2.2.3 绘制土方开挖图

土方开挖图上标示土方开挖路线、顺序、范围、基底标高、边坡坡度、排水沟、集水井位置及土方堆放地点等。

2.2.4 土方回填施工方法选择

(1)查找施工手册,分别了解人工和机械填土方法的作业特点、适用范围等。

(2)针对图纸和地质勘察报告及施工现场实际情况,选择土方回填施工方法,并说明选择理由。

2.2.5 填土压实施工方法选择

(1)查找施工手册,了解常用土方压实机具的名称、作业特点、适用范围等。

（2）针对图纸和地质勘察报告及施工现场实际情况，选择土方压实机具，并说明选择理由。

（3）查找施工手册，了解常用土方压实方法等。

（4）针对图纸和地质勘察报告及施工现场实际情况，选择土方压实方法，并说明选择理由。

【实训成果】

土方工程施工方案、土方开挖平面图、土方施工技术交底文件、场地平整土方量计算结果。

【技术要求】

1　文件要求

（1）编制的文件内容应满足实用性。

（2）技术措施、工艺方法正确合理。

（3）语言文字简洁，技术术语引用规范、准确。

（4）基本内容及格式符合标准、规范等的要求。

（5）严格实训时间要求，服从实训指导教师的指导。

2　质量标准

2.1　土方开挖质量标准

（1）开挖标高、长度、宽度、边坡必须符合设计要求。

（2）基土土质必须符合设计要求，并严禁扰动。

（3）控制好开挖表面平整度及基底土性。

（4）土方开挖工程质量检验标准应符合表4-5的规定。

表4-5　土方开挖工程质量检验标准

项序		项目	允许偏差或允许值(mm)				检验方法
			柱基基坑基槽	挖方场地平整	管沟	地（路）面基层	
主控项目	1	标高	-50	±50	-50	-50	水准仪
主控项目	2	长度、宽度（由设计中心线向两边量）	+200 -50	+300 -100	+100 0		经纬仪，用钢尺量
主控项目	3	边坡	设计要求				观察或用坡度尺检查
一般项目	1	表面平整度	20	20	20	20	用2 m靠尺和楔形塞尺检查
一般项目	2	基底土性	设计要求				观察或土样分析

注：地（路）面基层的偏差只适用于直接在挖、填方上做地（路）面的基层。

2.2 土方回填质量标准

(1)回填标高必须符合设计要求。

(2)回填土必须按规定分层夯压密实。取样测定压实后土的最大干密度,应符合设计要求。环刀法取样的方法及数量应符合规定。

(3)各项目允许偏差见表4-6。

表4-6 回填土工程质量检验标准

项次		项目	允许偏差(mm)			检验方法
			基槽	场地平整	管沟	
主控项目	1	标高	-50	±50	-50	用水准仪检查
	2	分层压实系数	设计要求			按规定方法检查
一般项目	1	回填土料	设计要求			观察或土样分析
	2	表面平整度	20	30	20	用2 m靠尺或水准仪检查
	3	分层厚及含水量	设计要求			水准仪及抽样检查

2.3 参考资料

机械挖土工艺标准、机械回填土工艺标准。

【考核评价】

该项目考核评价标准见表4-7。

表4-7 土方施工方案编制实训成绩评定表

考核评定方式	评定内容	分值	学生得分
自评	施工方案文件	10	
	土方开挖平面图	10	
	土方施工技术交底	10	
	进度	10	
互评	成果质量	10	
教师评定	成果质量	10	
	考勤	10	
	进度	10	
	编制流程	10	
	规范掌握	10	
合计		100	

实训3 定位测量

【实训背景】

在工程施工过程中,从工程开工一直到工程结束,均离不开工程测量工作。首先对建筑物进行定位,确定建筑物的实际位置,有了准确的地面标识,然后才能确立此区域是否有设计后新增建(构)筑物及新埋入地下管线,以保证机械设备的使用。建筑工程施工测量是影响施工质量的重要环节,测量放线为工程施工开辟了道路,提供方向准确,周密的测量工作不但关系到一个工程是否能顺利按图施工,而且还给施工质量提供了重要的技术保证。

【实训目的】

1 能力目标

(1)能根据设计要求、定位条件、现场地形和施工方案,拟订合理可行的测设方案。

(2)能根据有关数据计算出测设所需数据。

(3)能在小组成员的配合下根据已有控制点进行定位测量操作。

(4)能正确进行定位测量记录。

2 知识要点

距离测设,角度测设,方位角,工程测量规范。

【实训任务】

以小组为单位对建筑施工实训基地拟建建筑物进行测设数据计算并现场定位。

(1)根据施工要求,通过测量工作的定位、放线,将建筑的平面位置和高程测设到施工作业面上,为基坑开挖、钢筋绑扎、模板安装、砌筑提供依据。

(2)本工程施工测量遵循由整体到局部、先控制后细部的原则,即首先建立控制网,测设建筑物的主轴线,然后再根据主轴线进行建筑物的局部放样。

【实训类型】

操作训练、计算训练。

【实训安排】

1 地点

建筑施工实训基地内场地。

2 时间与组织

实训时间为1天，计划8～10人一个实训小组，分为4～5组，表4-8为实训工程中的时间分配表。

表4-8 时间分配表

步骤	完成内容	所需时间	备注
1	熟悉资料及测量仪器，教师讲解，布置任务	2小时	熟悉图纸和教材
2	基坑开挖线、建筑物定位测量	4小时	巡视、指导
3	填写定位测量记录表	1小时	自检、互检、填表、评比
4	成绩评定	1小时	成果交老师评阅
合计		1天	

3 材料机具

实训资料：建筑物总平面布置图、建筑图、结构图、工程现场内地下市政管网图。

实训工具：经纬仪、水平仪、钢卷尺、水平尺、尼龙线、墨斗、铁钉、锤子、白粉、木桩、钢筋、红蓝笔。

【实训步骤】

(1)熟悉设计图纸。

(2)现场踏勘。

(3)拟订测设方案，计算测设数据。

(4)绘制测设详图。

(5)测设实施。

以建筑施工实训基地开挖平面图(见图4-3)为例进行定位放线：

施工放线的第一步是复核规划定点位置。一般施工总平面图上绘出的坐标，由规划技术人员现场定位，而规划定位是理论值与现场建筑物的实际位置有差别，一定要复核、纠正。第二步是测定建筑物轴线、标高。常规做法是打龙门桩、钉铁钉，标记红三角标高。再按各分层工序，依次往上弹线，挖土方，撒灰线。

基槽开挖边线放线：在基础开挖前，按照基础详图上的基槽宽度和上口放坡的尺寸，由中心桩向两边各量出开挖边线尺寸，并做好标记；然后在基槽两端的标记之间拉一细线，沿着细线在地面用白灰撒出基槽边线，施工时就按此灰线进行开挖。

基础放线：根据建设方给出的已知坐标点(建筑主轴控制点)，首先将房屋外墙轴线的交点木桩测定于地上，并在桩顶钉上小钉作为标志。房屋外墙轴线测定以后，再根据建筑平面图，将内部开间所有轴线都一一测出。然后检查房屋轴线的距离，其误差不得超过轴线长度的1/2 000。最后根据中心轴线，用石灰在地面上撒出基槽开挖边线，以便开挖。

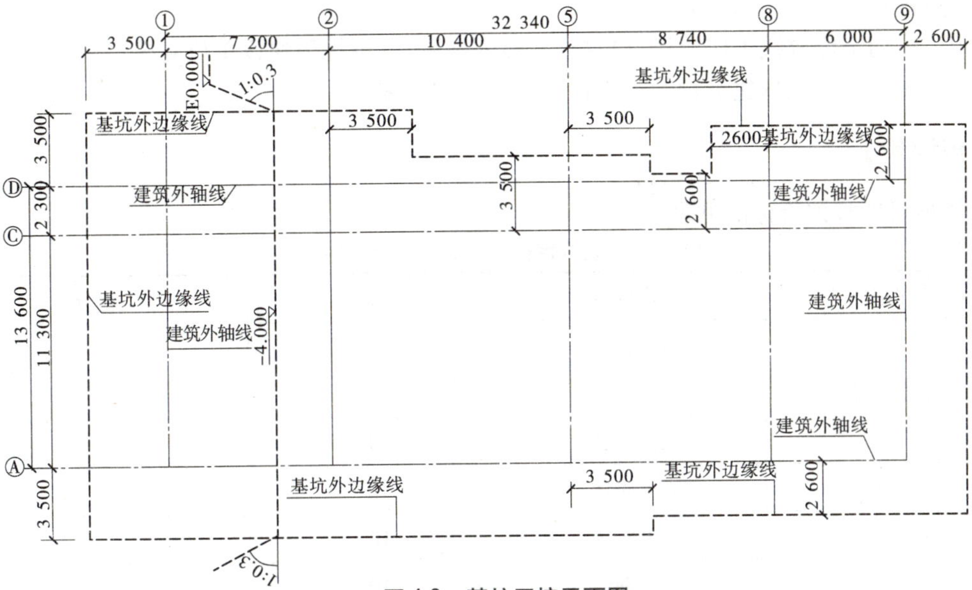

图4-3　基坑开挖平面图

如同一建筑区各建筑物的纵横边线在同一直线上，在相邻建筑物定位时，必须进行校核调整，使纵向或横向边线的相对偏差在5 cm以内。施工开槽时，轴线桩要被挖除。为了方便施工，在一般民用建筑中，常在基槽外一定距离处钉设龙门桩。在建筑物四角与内纵、横两端基槽开挖边线以外的1～1.5 m（根据土质情况和挖槽深度确定）处钉设龙门桩，龙门桩要钉得竖直、牢固，木桩侧面与基槽平行。根据轴线桩，用经纬仪将墙、柱的轴线投到龙门桩上，并钉小钉标明，投点容许偏差为±5 mm。经检核合格后，以轴线钉为准，将墙宽、基槽宽标在龙门桩上，最后根据基槽上口宽度拉线，撒出基槽开挖灰线。

（6）填写定位测量记录。

（7）测量复核措施。

为了保证工程质量，防止因测量放线的差错造成损失，必须在整个施工的各阶段和各主要部位做好复检（验线）工作。

【实训成果】

现场定位桩的设置、定位测量记录表（见附件5）。

【技术要求】

（1）遵守现行国家法令、政策及规范；

（2）测量工作必须统一、系统和准确；

（3）遵守先整体后局部、高精度控制低精度的原则；

（4）测量的原始数据，如设计图纸、测量起始点的点位及有关数据，必须经过审核，准确无误后方可使用；

（5）在测量精度满足施工要求下，尽可能用科学简捷的方法，但必须可靠的校核条件，以保证准确性，测量成果无论超限与否，均应如实记录；

(6)核算工作采用两人分算法;
(7)一切定位放线工作要经过自检、互检合格后,方可提请建设单位复核;
(8)做好施工现场建筑物的重要控制桩的保护措施。

【考核评价】

该项目考核评价标准见表4-9。

表4-9 建筑物定位测量实训成绩评定表

考核评定方式	评定内容	分值	学生得分
小组自评	团队合作	10	
	进度	10	
	工作态度	10	
小组互评	成果质量	10	
教师评定	成果质量	10	
	考勤	10	
	操作速度	10	
	操作精度	15	
	操作规范	15	
合计		100	

实训4 砖墙砌筑实训

【实训背景】

砖墙是民用建筑砖混结构砖砌体用量最大的构件,用砖块跟混凝土砌筑的墙,具有较好的承重、保温、隔热、隔声、防火、耐久等性能,为低层和多层房屋所广泛采用。砖墙可作承重墙、外围护墙和内分隔墙。

【实训目的】

1 能力目标

(1)能根据施工图纸和施工实际条件,确定砖墙工程的施工方案。
(2)掌握砖墙的组砌形式和施工工艺。
(3)能根据建筑工程质量验收规范进行砖墙的质量检验。

2 知识要点

砌体工程材料,施工机具,质量检验工具,普通砖砌体施工工艺,质量验收规范。

【实训任务】

作为施工方进行砖墙构件的模拟砌筑。

(1)按图4-4所示图纸砌筑某砖墙的一部分,留设构造柱的一道砖墙的放线、砌筑(墙高≥1.5 m,墙长3.3~3.6 m,留转角构造柱),放置拉结筋、留槎(砖墙要求采用一顺一丁砌筑方式砌筑)。

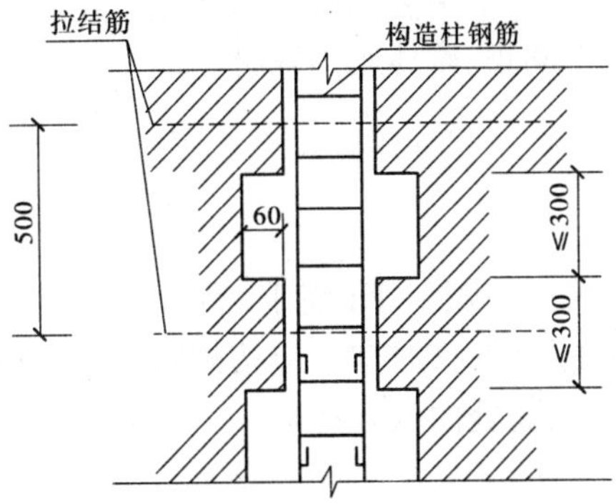

图4-4 砖墙构件

(2)对墙体质量进行检验,填写质量验收记录表。

【实训类型】

操作训练、技术文件填写。

【实训安排】

(1)地点

建筑施工实训基地砌筑实训区。

(2)时间与组织

计划8~10人一个实训小组,分为4~5组,表4-10为实训工程中的时间分配表。

表4-10 时间分配表

步骤	完成内容	所需时间	备注
1	熟悉任务,教师讲解	1小时	熟悉施工图集和教材
2	掌握砖砌体的施工方法,直槎、斜槎、马牙槎的留设,并进行试验操作	1小时	掌握砖砌体砌筑的施工要点
3	正式砌筑	4小时	巡视指导
4	填写质量验收记录表、上交	1小时	自检、互检、填表、评比
5	总结本节课	1小时	成果交老师评阅
合计		1天	

【实训步骤】

1 操作准备

实训机具:砂浆搅拌机、砖刀、铁锹、小灰槽、铁抹子、木抹子、吊线锤、钢卷尺、靠尺。

实训检测工具:尺、拖线板、靠尺、吊垂线。

实训材料:现场搅拌的砂浆、烧结黏土砖、多孔砖、空心砖。

实训资料:砌体结构施工图集、砌体施工教材。

2 操作过程

2.1 确定组砌方法

组砌方法应正确,一般采用一顺一丁(满丁、满条)排砖法。砖砌体的转角处和内外墙体交接处应同时砌筑,当不能同时砌筑时,应按规定留槎,并做好接槎处理。基底标高不同时,应从低处砌起,并应由高处向低处搭接。

2.2 砖浇水

砖应在砌筑前 1 ~2 d 浇水湿润,烧结普通砖一般以水浸入砖四边 15 mm 为宜,含水率 10% ~15%。常温施工不得用干砖上墙,不得使用含水率达饱和状态的砖砌墙。

2.3 拌制砂浆

(1)砂浆的配合比应由试验室经试配确定。在砂浆中掺入有机塑化剂、早强剂、缓凝剂、防冻剂等,经检验和试配符合要求后,方可使用。

(2)砂浆应随拌随用,水泥砂浆和水泥混合砂浆必须在拌成后 3 h 和 4 h 内使用完毕。当施工期间最高温度超过 30 ℃时,应分别在拌成后 2 h 和 3 h 内使用完毕。超过上述时间的砂浆,不得使用,并不应再次拌和后使用。

2.4 排砖撂底

一般外墙第一层砖撂底时,两山墙排丁砖,前后檐纵墙排条砖。

根据弹好的门窗洞口位置线,认真核对窗间墙、垛尺寸,其长度是否符合排砖模数;如不符合模数时,可将门窗口的位置左右移动。若有破活,七分头或丁砖应排在窗口中间,附墙垛或其他不明显的部位。移动门窗口位置时,应注意暖卫立管安装及门窗开启时不受影响。另外,在排砖时还要考虑在门窗口上边的砖墙合拢时也不出现破活。所以,排砖时必须作全盘考虑,前后檐墙排第一皮砖时,要考虑甩窗口后砌条砖,窗角上必须是七分头才是好活。

2.5 选砖

砌清水墙应选择棱角整齐,无弯曲、裂纹,颜色均匀,规格基本一致的砖。敲击时声音响亮,焙烧过火变色,变形的砖可用在基础及不影响外观的内墙上。

2.6 盘角

砌砖前应先盘角,每次盘角不要超过 5 层,新盘的大角,及时进行吊、靠。如有偏差,要及时修整。盘角时要仔细对照皮数杆的砖层和标高,控制好灰缝大小,使水平灰缝均匀一致。大角盘好后再复查一次,平整和垂直完全符合要求后,再挂线砌墙。

2.7 挂线

砌筑一砖半墙必须双面挂线,如果长墙几个人均使用一根通线,中间应设几个支线点,小线要拉紧,每层砖都要穿线看平,使水平缝均匀一致,平直通顺;砌一砖厚混水墙时宜采用外守挂线,可照顾砖墙两面平整,为下道工序控制抹灰厚度奠定基础。

2.8 砌砖

砌砖宜采用一铁锹、一块砖、一挤揉的"三一"砌砖法,即满铺、满挤操作法。砌砖时砖要放平。里手高,墙面就要张;里手低,墙面就要背。砌砖一定要跟线,"上跟线,下跟棱,左右相邻要对平"。水平灰缝厚度和竖向灰缝宽度一般为10 mm,但不应小于8 mm,也不应大于12 mm。在操作过程中,要认真进行自检,如出现有偏差,应随时纠正,严禁事后砸墙。清水墙不允许有三分头,不得在上部任意变活、乱缝。

2.9 留槎

外墙转角处应同时砌筑。内外墙交界处必须留斜槎,槎子长度不应小于墙体高度的2/3,槎子必须平直、通顺。分段位置应在变形缝或门窗口角处,隔墙与墙或柱不同时砌筑时,可留阳槎加预埋拉结筋。沿墙高按设计要求每50 cm预埋Φ6钢筋2根,其埋入长度从墙的留槎处算起,一般每边均不小于50 cm,末端应加90°弯钩。施工洞口也应按以上要求留水平拉结筋。隔墙顶应用立砖斜砌挤紧。

2.10 构造柱做法

凡设有构造柱的工程,在砌砖前,现根据设计图纸将构造柱位置进行弹线,并把构造柱插筋处理顺直。砌砖墙时,与构造柱连接处砌成马牙槎。每一个马牙槎眼高度方向的尺寸不宜超过30 cm。马牙槎应先退后进。拉结筋按设计要求放置,设计无要求时,一般沿墙高50 cm设置2根Φ6水平拉结筋,每边深入墙内不应小于1 m。

3 质量评定

实训完毕后,各小组依据砌筑工程质量评定验收规范进行自评、互评。

4 场地清理

各小组将构件拆除,场地清理,将材料按规定堆放至料场。

【实训成果】

(1)实作成果质量;

(2)砌体工程检验批质量验收记录表(见附件6)。

【技术要求】

1 资料要求

(1)编制的文件内容应满足实用性。

(2)技术措施、工艺方法正确合理。

(3)语言文字简洁、技术术语引用规范、准确。

(4)基本内容及格式符合规范、标准的要求。

2 实作要求

(1)严格按照指导教师的要求,及时完成各项任务。

(2)注意砌筑实训过程的安全,进场学生必须戴安全帽。

(3)注意实训设备、工具的安全使用,及时归还所领工具。

(4)严禁在无任何安全措施的条件下从事实训作业。

(5)各小组实训完毕务必做到任务完场地清。

3 砖砌体工程质量标准

3.1 主控项目

(1)砖和砂浆的强度等级必须符合设计要求。

检查数量:每一生产厂家的砖到现场后,按烧结砖 15 万块,多孔砖 5 万块,灰砂砖及粉煤灰砖 10 万块各为一验收批,抽检数量为 1 组。砂浆试块的抽检数量按每 250 m^3 的砌体取样不少于 1 组。

检验方法:查砖和砂浆试块试验报告。

(2)砌体水平灰缝的砂浆饱满度不得小于 80%。

检查数量:每检验批抽查不应少于 5 处。

检验方法:用百格网检查砖底面与砂浆的黏结痕迹面积。每处检测 3 块砖,取其平均值。

(3)砖砌体的转角处和交接处应同时砌筑。严禁无可靠措施的内外墙分砌施工。对不能同时砌筑而又必须留置的临时间断处应砌筑成斜槎,斜槎水平投影长度不小于高度的 2/3。

检查数量:每检验批抽 20% 接槎,且不应少于 5 处。

检验方法;观察检测。

(4)非抗震设防及抗震设防烈度为 6 度、7 度地区的临时间断处,当不能留斜槎时,除转角处外,可留直槎,但直槎必须做成凸槎。留直槎处应加设拉结钢筋(按 120 mm 厚墙放置 1 Φ6 拉结钢筋),间距沿墙高不应超过 500 mm;埋入长度从留槎处算起每边均不应小于 500 mm,对抗震设防烈度 6 度、7 度的地区,不应小于 1 000 mm。末端应有 90°弯钩。

检查数量:每检验批抽 20% 接槎,且不应少于 5 处。

检验方法:观察和尺量检查。

合格标准:留槎正确,拉结钢筋设置数量、直径正确,竖向间距偏差不超过 100 mm,留置长度基本符合规定。

(5)砖砌体的位置及垂直长度允许偏差应符表 4-11 的规定。

检查数量:轴线查全部承重墙柱;外墙垂直度全高查阳角,不应少于 4 处,每层每 20 m 查 1 处;内墙按有代表性和自然间抽 10%,但不应少于 3 间,每间不应少于 2 处,柱不少于 5 根。

表 4-11　砖砌体的位置及垂直长度允许偏差

序号	项目			允许偏差(mm)	检查方法
1	轴线位置偏移			10	用经纬仪和尺检查或用其他测量仪器检查
2	垂直度	每层		5	用 2 mm 托线板检查
		全高	≤10 mm	10	用经纬仪吊线和尺检查或用其他测量仪器检查
			>10 mm	20	

3.2　一般项目

(1)砖砌体组砌方法应正确,上、下错缝,内外搭砌,砖柱不得采用包心砌法。

检查数量:外墙每 20 m 抽查一处,每处 3 ~5 m,且不应少于 3 处;内墙按有代表性的自然间抽 10%,且不应少于 3 间。

检验方法:观察检查。

合格标准:除符合本条要求外,清水墙、窗间墙无通缝;浑水墙中长度在或等于 300 mm 的通缝每间不超过 3 处,且不得位于同一面墙体上。

(2)砖砌体内缝隙应横平竖直,厚薄均匀。水平灰缝厚度宜为 10 mm,但不应小于 8 mm,也不应大于 12 mm。

检查数量:每步脚手架施工的砌体,每 20 m 抽查一处。

检验方法:用尺量 10 皮砖砌体高度折算。

(3)砖砌体的一般尺寸允许偏差应符合表 4-12 的规定。

表 4-12　砖砌体的一般尺寸允许偏差

序号	项目		允许偏差(mm)	检验方法	抽检数量
1	基础顶面和楼面标高		±15	用水平仪和尺检查	不应少于 5 处
2	表面平整度	清水墙柱	5	用 2 mm 靠尺和楔形塞尺检查	有代表性自然间 10%,但不应少于 3 间,每间不少于 2 处
		浑水墙柱	8		
3	门窗洞口高宽(后塞口)		±5	用尺检查	检查批洞口的 10%,且不应少于 5 处
4	外墙上下洞口偏移		20	以底层窗口为准,用经纬仪或吊线检查	检查批的 10%,且不应少于 5 处
5	水平灰缝平直度	清水墙	7	拉 10 m 线和尺检查	有代表性自然间 10%,但不应少于 3 间,每间不少于 2 处
		浑水墙	10		
6	清水墙游丁走缝		20	吊线和尺检查,以每层第一皮砖为准	有代表性自然间 10%,但不应少于 3 间,每间不少于 2 处

【考核评价】

该项目考核评价标准如表 4-13 所示。

表 4-13　砖墙砌筑实训成绩评定表

学号：　　　　　　　　　　　　　　　　　　　　　姓名：

项目	内容	比例（%）	得分
操作技能	见表 4-14	40	
质量验收	成果质量	20	
心智技能	现场回答问题	10	
	实训资料记录	10	
工作态度	工作态度	5	
	考勤情况	5	
	安全卫生	5	
	团队协作	5	
合计		100	

表 4-14　砌筑实训操作技能评分标准

考核项目	考核内容	考核要求	分值	验收结果
主控项目	砂浆饱满度	≥80%	20	
	轴线位移	≤10 mm	20	
	垂直度	≤5 mm	20	
一般项目	表面平整度	≤8 mm	10	
	水平灰缝平直度	≤10 mm	10	
	水平灰缝厚度	8～12 mm	10	
	游丁走缝	≤20 mm	5	
	外观	刮缝严密，选砖恰当	5	
总评			100	

实训 5　脚手架专项施工方案编制

【实训背景】

脚手架指施工现场为工人操作并解决垂直和水平运输而搭设的各种支架。建筑工地上用在外墙、内部装修或层高较高无法直接施工的地方。主要为了施工人员上下干活或外围安全网围护及高空安装构件等。

【实训目的】

1 能力目标

(1)能合理选用外墙脚手架工程所需的材料。
(2)掌握钢管扣件落地式脚手架的基本构造和搭设拆除程序。
(3)根据图纸和施工现场条件合理制订钢管扣件落地式脚手架施工方案。
(4)初步具备钢管扣件落地式脚手架施工质量检验评定能力。

2 知识要点

钢管扣件落地式脚手架构造要求,搭设程序,拆除程序,质量规范,安全技术规范。

【实训任务】

作为施工技术人员对建筑施工实训基地外墙钢管扣件落地式脚手架工程进行施工技术交底,并编写脚手架专项施工方案。

【实训类型】

观摩录像、现场脚手架实体模型参观、技术文件编制。

【实训安排】

1 地点

建筑施工实训基地内业工作室。

2 时间与组织

计划8~10人一个实训小组,分为4~5组,表4-15为实训工程中的时间分配表。

表4-15 时间分配表

步骤	完成内容	所需时间	备注
1	熟悉实训任务,现场脚手架实体模型参观	1小时	熟悉任务和教材图纸等资料
2	教师结合模型实例讲解脚手架施工工艺	1小时	必须掌握脚手架搭设的施工要点
3	教师讲解施工方案编制要求	1小时	编制内容、要求
4	学生编制脚手架方案	4小时	巡视、指导
5	讨论、总结、提高	1小时	成果交老师评阅
合计		1天	

【实训步骤】

1　实训准备

实训材料：钢管采用外径 48 mm、壁厚 3.5 mm 焊接钢管，扣件采用铸铁扣件，底座采用焊接底座，垫板采用 50 mm×200 mm 以上宽木脚手板。

实训检测工具：钢尺、拖线板、靠尺、吊垂线。

实训资料：

(1)《建筑施工扣件式钢管脚手架安全技术规范》(JGJ 130—2011)；

(2)《钢管脚手架、模板支架安全选用技术规程》(DB11/T 583—2008)；

(3)《建筑施工安全检查标准》(JGJ 59—2011)；

(4)本工程施工图纸及施工组织设计。

2　脚手架专项施工方案编制内容

(1)编制依据。

(2)工程概况。

(3)设计总体思路。

(4)脚手架的构造要求及技术措施。

(5)架体防雷构造措施。

(6)脚手架搭设、拆除。

(7)脚手架检查验收。

①脚手架搭设阶段性检查与验收内容见表 4-16。

表 4-16　脚手架搭设阶段性检查与验收内容

阶段	初次	中间验收			顶层
时间	基础完工后及脚手架搭设前	每搭完 6～8 m 高度后	作业层施加荷载前	遇有六级大风、大雨后，冻结地区解冻后	达到设计高度后

②脚手架在使用中应定期检查的项目。

脚手架在使用过程中应由项目技术负责人组织项目安全员、脚手架班组工长每月对脚手架进行检查，见表 4-17。

表 4-17　脚手架在使用中定期检查的项目

项目	杆件	底座	扣件	架体位移	荷载	安全措施
内容	杆件的设置和连接，连柱杆、支撑、门洞桁架等是否符合构造要求	底座是否松动，立杆是否悬空，地基是否积水	扣件是否短缺，螺丝是否松动	立杆的沉降与垂直度是否超过规定	是否超载	安全防护措施是否符合要求

③双排脚手架主要搭设的允许偏差见表 4-18。

表 4-18　双排脚手架主要搭设的允许偏差

序号	内容	项目		技术要求	允许偏差(mm)
1	立杆垂直度	最后验收	搭设高 20 ~ 50 m		±100
		搭设中检查偏差的高度	$H = 2$ m		±7
			$H = 10$ m		±20
			$H = 20$ m		±40
			$H = 30$ m		±60
			$H = 40$ m		±80
			$H = 50$ m		±100
2	间距	步距			±20
		纵距			±50
		横距			±20
3	纵向水平杆高差	一根杆的两端			±10
		同跨内两根纵向水平杆高差			
4	扣件安装	主节点处各扣件中心相互距离		$a \leqslant 150$ mm	
		同步立杆上两个相隔对接扣件高差		≥500 mm	
		立杆上的对接扣件至主节点的距离		$\leqslant h/3$	
		纵向水平杆上的对接扣件至主节点距离		$a \leqslant L/3$	
		扣件螺栓拧紧扭矩		40 ~ 65 N · m	
5	脚手板外伸长度	见规范 JGJ 130—2011 表 8.2.4		第 8 项次	

(8)安全措施。

• 脚手架搭设的安全技术措施

①脚手架的基础必须经过硬化处理满足承载力要求，做到不积水、不沉陷，顶板基础的混凝土必须达到设计强度的 75% 以上才能施工。

②搭设过程中划出工作标志区，禁止行人进入，统一指挥、上下呼应、动作协调，严禁在无人指挥下作业。当解开与另一人有关的扣件时，必须先告诉对方，并得到允许，以防坠落伤人。

③开始搭设立杆时，应每隔 6 跨设置一根抛撑，直至连墙件安装稳定后，方可根据情况拆除。

④脚手架及时与结构拉结或采取临时支顶，以保证搭设过程安全，未完成脚手架在每日收工前，一定要确保架子稳定。

⑤脚手架必须配合施工进度搭设，一次搭设的高度不得超过相邻连墙件以上两步。

⑥在搭设过程中应由安全员、架子班长等进行检查、验收和签证。验收应按照 DB11/T 583—2008 中 8.2.3、8.2.4 的明确规定执行；每两步验收一次，达到设计施工要求后挂合格牌。

• 脚手架上施工作业的安全技术措施

①结构外脚手架每支搭一层，支搭完毕后，经项目经理部安全员验收合格后方可使用，任何班组长和个人，未经同意不得任意拆除脚手架部件。

②严格控制施工荷载，脚手板上不得集中堆放荷载，施工荷载不得大于 3 kN/m^2，确保较大安全储备。

③结构施工时不允许 2 层同时作业，装修施工时同时作业层数不超过 3 层。

④当作业层高出其下连墙件 3.1 m 以上，且其上尚无连墙件时应采取适当的临时抛拉措施。

⑤各作业层之间设置可靠的防护栏杆，防止坠落物体伤人。

⑥定期检查脚手架，发现问题和隐患，在施工作业前及时维修加固，以达到坚固稳定，确保施工安全。

• 脚手架拆除的安全技术措施

①脚手架搭拆人员必须是经过考核的专业架子工，并持证上岗。连墙件应在位于其上的全部可拆杆件都拆除之后才能拆除。

②拆架前，全面检查待拆脚手架，根据检查结果，拟订出作业计划，报请批准，进行技术交底后才开始工作。

③架体拆除前，必须察看施工现场环境，包括架空线路、外脚手架、地面的设施等各类障碍物、地锚、揽风绳、连墙杆及被拆除架体各吊点、附件、电器装置情况，凡能提前拆除的尽量拆除掉。

④拆除时应划出作业区，周围设绳绑围栏或树立警示标志，地面设专人围护，禁止非作业人员进入。

⑤拆除时统一指挥、上下呼应、动作协调，当解开与另一人有关的扣件时，必须先告诉对方并得到允许，以防坠落伤人。

⑥拆架时不得中途换人，如必须换人，应将拆除情况交代清楚后方可离开。

⑦每天拆架下班时，不应留下隐患部位。

⑧拆架时严禁碰撞脚手架附近电源线，以防触电事故。

⑨在拆除过程中，凡松开连接的杆、配件应及时拆除运走，避免误扶、误靠已松脱的杆件。拆除的杆、配件严禁向下抛掷，应吊至地面，同时做好配合协调工作，禁止单人进行拆除较重杆件等危险性作业。

⑩六级风以上(含六级)时停止拆除脚手架施工。

【实训成果】

钢管扣件落地式外脚手架施工方案。

【技术要求】

技术文件编制应达到的技术要求是:

(1)编制的文件内容应满足实用性。

(2)技术措施、工艺方法正确合理。

(3)语言文字简洁,技术术语引用规范、准确。

(4)基本内容及格式符合规范、标准的要求。

【考核评价】

该项目考核评价标准如表4-19所示。

表4-19 脚手架施工实训成绩评定表

考核评定方式	评定内容	分值	学生得分
小组自评	工作态度	10	
	搭设、拆除方案	10	
	检查与验收	10	
	进度	10	
小组互评	成果质量	10	
教师评定	考勤	10	
	进度	10	
	成果质量	20	
	规范掌握	10	
合计		100	

实训6 构造柱和地圈梁施工实训

【实训背景】

圈梁和构造柱是加强砖混结构抗震性的重要构件,在施工中特别重要,故安排此实训项目。在砌体房屋墙体的规定部位,按构造配筋,并按先砌墙后浇灌混凝土柱的施工顺序制成的混凝土柱,通常称为混凝土构造柱,简称构造柱。圈梁是指在房屋的基础上部的连续的钢筋混凝土梁,也叫地圈梁(DQL);而在墙体上部,紧挨楼板的钢筋混凝土梁叫上圈梁。

【实训目的】

1 能力目标

（1）掌握构造柱、圈梁的模板配板、安装工艺及验收标准。
（2）掌握构造柱、圈梁的钢筋安装工艺及验收标准。

2 知识要点

构造柱钢筋绑扎工艺，模板安装工艺，圈梁钢筋绑扎工艺，模板安装工艺，质量标准。

【实训任务】

（1）在建筑施工实训基地砖混结构实训区，构造柱钢筋已留设，现结合图 4-5 进行构造柱钢模板支设。

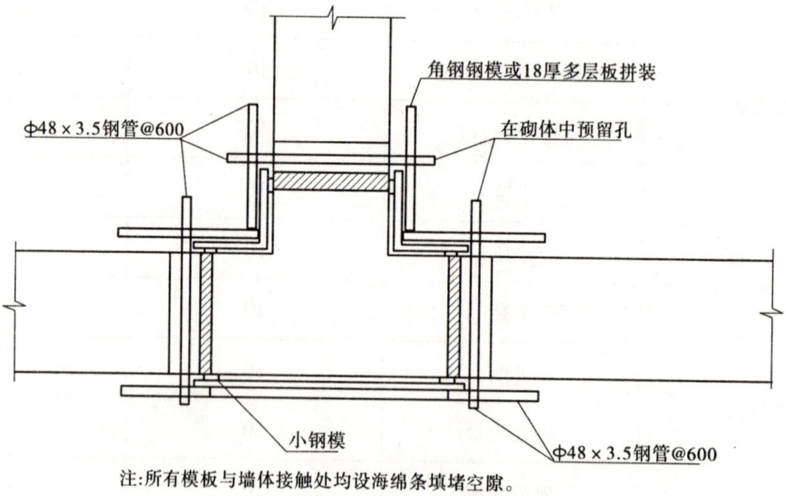

图 4-5 丁字墙构造柱支模示意图

（2）给定图纸条件，结合图 4-6 完成圈梁钢筋绑扎及模板支设实训。
（3）编写圈梁构造砖柱施工方案。

【实训类型】

操作训练、填写质量验收记录表、技术方案编制。

【实训安排】

1 地点

建筑施工实训基地。

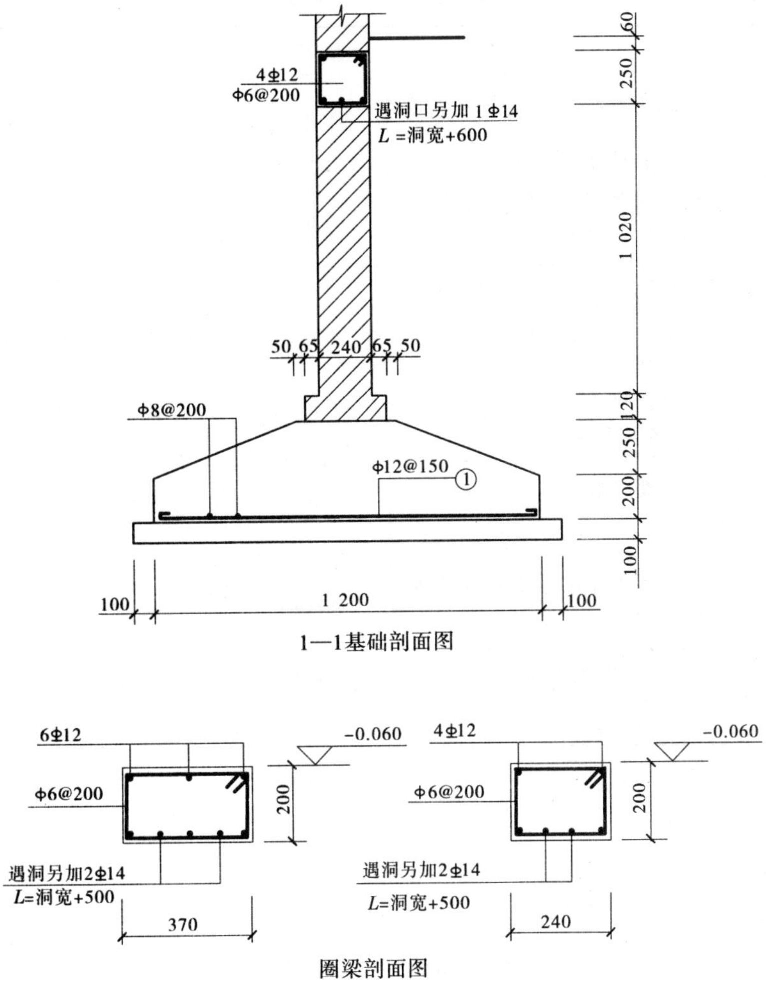

图4-6　圈梁和基础剖面

2　时间与组织

计划8～10人一个实训小组，分为4～5组，表4-20为实训工程中的时间分配表。

3　材料机具

实训机具：钢筋调直机、弯曲机、切割机、电钻、电锯、手锯、刨子、扳手、锤子、钳子。
实训检测工具：尺、拖线板、靠尺、吊垂线。
实训材料：钢模板、钢筋。
实训资料：施工图集、施工技术教材、相关图纸。

表 4-20　时间分配表

步骤	完成内容	所需时间	备注
1	熟悉任务、完成构造柱实训准备	1 小时	熟悉施工图集和教材
2	进行构造柱模板配板设计、模板施工技术交底、安全交底	3 小时	掌握施工要点
3	进行构造柱组合钢模板实作	4 小时	巡视指导
4	熟悉任务、完成圈梁实训准备	1 小时	熟悉施工图集和教材
5	进行钢筋绑扎、模板施工技术交底、安全交底	3 小时	掌握施工要点
6	进行圈梁钢筋绑扎、组合钢模板实作	4 小时	巡视指导
7	填写质量验收记录表，编制构造圈梁施工方案	8 小时	
8	讨论、总结、提高	2 小时	成果交老师评阅
合计		3 天	

【实训步骤】

1　圈梁钢筋的绑扎

圈梁钢筋绑扎的步骤为：划分钢筋位置线→放箍筋→穿圈梁主筋→绑扎箍筋。

1.1　划分箍筋位置线

支完圈梁模板并做完预检，即可绑扎圈梁钢筋，采用在模内直接绑扎的方法，按设计图纸要求间距，在模板侧帮上画出箍筋位置线。按每两根构造柱之间为一段，分段画线，箍筋起始位置距构造柱 50 mm。

1.2　放箍筋

箍筋位置线画好后，数出每段箍筋数量，放置箍筋。箍筋弯钩叠合处，应沿圈梁主筋方向互相错开设置。

1.3　穿圈梁主筋

穿圈梁主筋时，应从角部开始，分段进行。圈梁与构造柱钢筋交叉处，圈梁钢筋宜放在构造柱受力钢筋内侧。圈梁钢筋在构造柱部位搭接时，其搭接倍数或锚入柱内长度要符合设计和规范要求。主筋搭接部位应绑扎 3 个扣。

圈梁钢筋应互相交圈，在内外墙交接处、墙大角转角处的锚固长度，均要符合设计和规范要求。

1.4 绑扎箍筋

圈梁受力筋穿好后，进行箍筋绑扎，应分段进行。在每段两端及中间部位先临时绑扎，将主筋架起来，以利于绑扎。绑扎时，要让箍筋与圈梁主筋保证垂直，将箍筋对正模板侧帮上的位置线，先将下部主筋与箍筋绑扎，再绑上部筋，上部角筋处宜采用套扣绑扎。

1.5 设置保护层垫块

圈梁钢筋绑完后，应在圈梁底部和与模板接触的侧面加水泥砂浆垫块，以控制受力钢筋的保护层厚度。底部的垫块应加在箍筋下面，侧面应绑在箍筋外侧。

2 构造柱模板支设

(1)砖混结构构造柱的模板，可采用木模板、多层板或竹胶板、定型组合钢模板。为防止浇筑混凝土时模板变形，影响外墙平整，用木模板或钢模板贴在外墙面上，使用穿墙螺栓与墙体内侧模板拉结，穿墙螺栓直径不应小于Φ16。穿墙螺栓竖向间距不应大于1 m，水平间距70 mm左右，下部第一道拉条距地面300 mm以内。穿墙螺栓孔的平面位置在构造柱马牙槎以外一砖处，使用多层板或竹胶板应注意竖龙骨的间距，控制模板的挠度变形。

(2)外砖内模结构工程的组合柱，用角模与大模板连接，在外墙处为防止浇筑混凝土挤动变形，应进行加固处理，模板贴在外墙面上，然后用穿墙螺栓拉牢，穿墙螺栓规格与间距同砖混结构。

(3)外砖内模结构在山墙处组合柱，模板采用木模板、多层板或竹胶板或组合钢模板，支撑方法可采用斜撑。使用多层板或竹胶板应注意木龙骨的间距及模板配置方法。

(4)构造柱根部应留置清扫口。

3 圈梁模板支设

(1)圈梁模板可采用木模板、多层板或竹胶板、定型组合钢模板，模板上口标高应根据墙身+50(或+100)cm水平线拉线找平。

(2)圈梁模板的支撑可采用落地支撑，下面应垫方木。当用方木支撑时，下面用木楔楔紧。用钢管支撑时高度调整合适。

(3)钢筋绑扎完成以后，模板上口宽度进行校正，并用支撑进行校正定位。如采用组合钢模板，可用卡具卡牢，保证圈梁的尺寸。

(4)砖混结构圈梁模板的支撑也可采用悬空支撑法。砖墙上口下一皮砖留洞，横带扁担留洞位置从距墙两端240 mm开始留洞，间距500 mm左右。

4 模板拆除

(1)组合柱、圈梁侧模拆除时的混凝土强度应能保证其表面及棱角不受损伤。

(2)模板拆除时，不应对楼层形成冲击荷载。拆除的模板和支架宜分散堆放并及时清运。

(3)模板拆除应由项目技术负责人批准，并记录。

【实训成果】

(1)实作成果。

(2)钢筋施工下料单、模板材料、钢管材料需求计划表。

(3)钢筋工程检验批质量验收记录表。

(4)模板工程检验批质量验收记录表。

(5)施工方案。

【技术要求】

1 资料要求

(1)编制的文件内容应满足实用性。

(2)技术措施、工艺方法正确合理。

(3)语言文字简洁,技术术语引用规范、准确。

(4)基本内容及格式符合规范、标准的要求。

2 实作要求

(1)严格按照指导教师的要求,及时完成各项任务。

(2)注意砌筑实训过程的安全,进场学生必须佩戴安全帽。

(3)注意实训设备、工具的安全使用,及时归还所领工具。

(4)严禁在无任何安全措施的条件下从事实训作业。

(5)各小组实训完毕务必做到任务完场地清。

3 模板工程质量标准

3.1 主控项目

模板及其支撑必须有足够的强度、刚度和稳定性,其支撑部分应具有足够的支撑面积。如安装基土上,基土必须坚实,并加垫脚手板,雨季应有排水措施。对湿陷性黄土,必须有防水措施;对冻胀性土,必须有防冻措施。如安装在下层楼板上,下层楼板应具有承受上层荷载的能力,或加设支架。上、下层支架的立柱应对准,并铺设垫板。

3.2 一般项目

(1)模板的接缝不应漏浆,预埋件应安装牢固、位置正确。

(2)模板与混凝土的接触面应清理干净并涂刷隔离剂,但不得采用影响结构性能或妨碍装饰工程施工的隔离剂。

(3)浇筑混凝土前,模板内杂物应清理干净。

(4)砖混结构模板安装的允许偏差见表4-21。

表4-21 砖混结构模板安装的允许偏差

序号	项目	允许偏差(mm)	检查方法
1	轴线位移:柱、梁	5	尺量检查
2	标高	±5	用水准仪或拉线和尺量检查
3	截面尺寸:柱、梁	+4,-5	尺量检查
4	组合柱每层垂直度	10	用2 m靠尺检查
5	相邻两板表面高低差	2	用直尺和尺量检查
6	预埋钢板中心线位移	3	拉线和尺量检查

4 圈梁、构造柱钢筋工程质量标准

4.1 主控项目

(1)构造柱和圈梁钢筋的品种、规格、形状、尺寸与钢材质量必须符合设计要求及有关标准的规定。钢筋应平直、无损伤,表面不得有裂纹、油污、颗粒状或片状老锈。

(2)构造柱和圈梁主筋的数量、位置应正确。

(3)主筋的搭接部位、搭接长度必须正确。主筋和箍筋的弯钩朝向、弯曲长度必须正确。

(4)构造柱和圈梁绑扎应牢固、方正,不得有变形。

4.2 一般项目

(1)钢筋的绑扎、缺扣、松扣的数量不超过绑扣数的10%,且不应集中。

(2)构造柱、圈梁钢筋绑扎允许偏差和检验方法见表4-22。

表4-22 构造柱、圈梁钢筋绑扎允许偏差和检验方法

<table>
<tr><th>项次</th><th colspan="2">项目</th><th>允许偏差(mm)</th><th>检验方法</th></tr>
<tr><td>1</td><td colspan="2">骨架的宽度、高度</td><td>±5</td><td>尺量检查</td></tr>
<tr><td>2</td><td colspan="2">骨架的长度</td><td>±10</td><td>尺量检查</td></tr>
<tr><td rowspan="2">3</td><td rowspan="2">受力钢筋</td><td>间距</td><td>±10</td><td rowspan="2">尺量两端、中间各一点,取其最大值</td></tr>
<tr><td>排距</td><td>±5</td></tr>
<tr><td>4</td><td colspan="2">箍筋、横向钢筋间距</td><td>±20</td><td>尺量连续三档,取其最大值</td></tr>
<tr><td rowspan="2">5</td><td rowspan="2">预埋件</td><td>中心线位移</td><td>5</td><td rowspan="2">尺量检查</td></tr>
<tr><td>水平高差</td><td>+3,-0</td></tr>
<tr><td>6</td><td colspan="2">主筋保护层厚度</td><td>±5</td><td>尺量检查</td></tr>
</table>

【考核评价】

该项目考核评价标准如表4-23所示。

表4-23 构造柱、圈梁安装实训成绩评定表

学号： 姓名：

项目	内容	比例（%）	得分
操作技能	过程检查	40	
质量验收	成果质量	20	
心智技能	现场回答问题	10	
	实训资料记录	10	
工作态度	工作态度	5	
	考勤情况	5	
	安全卫生	5	
	团队协作	5	
合计		100	

本项目实训拓展与提高

在今后的教学与实践环节中，可根据院校的实际条件和教学需要，拓展实训范围，酌情增加拓展性、提高性实训项目。例如拓展性实训项目有：

(1)场地平整土方量计算实训。

(2)土方调配实训。

(3)基坑降排水实训。

(4)灰土地基处理实训。

(5)砌体冬季施工方案编制实训等。

本项目实训小结

(1)巩固基础理论，提高实践技能。

通过本项目实训使学生掌握砖混结构工程的综合施工内容，包括识图、土方施工、测量放线、砖砌墙、脚手架、构造柱和地圈梁施工等一系列的工艺内容，加深基础理论学习，增强实践动手操作技能。

(2)调动学生积极性，改变传统教学模式，提高教学效果。

通过实训，使学生由原先坐在教室里听课被动的教学模式，变为积极参与的主人翁，充分调动学生的主观能动性，开发学生潜能，提高综合能力。

(3)以就业为导向，和企业实际接轨。

在和企业专家充分调研的基础上，开发的实训项目均具有典型性、代表性。充分体现了实际岗位的需要和学生应具备的能力。通过这些项目的实训，很好地使学生了解现代企业的经营模式、掌握最实用的施工工艺，具备胜任当代企业工作岗位的能力。

实训项目二 某框架结构施工综合实训

本项目实训导言

框架结构是指由梁和柱以刚接或者铰接相连接而成，构成承重体系的结构，即由梁和柱组成框架共同抵抗使用过程中出现的水平荷载和竖向荷载。

框架建筑的主要优点：空间分隔灵活，自重轻，节省材料；具有可以较灵活地配合建筑平面布置的优点，利于安排需要较大空间的建筑结构；框架结构的梁、柱构件易于标准化、定型化，便于采用装配整体式结构，以缩短施工工期；采用现浇混凝土框架时，结构的整体性、刚度较好，设计处理好也能达到较好的抗震效果，而且可以把梁或柱浇筑成各种需要的截面形状。

框架结构是目前应用最为广泛的结构形式之一，且具有较强的综合性，故开展此项目实训非常必要。

框架结构施工综合实训任务分解见表4-24。

表4-24 框架结构施工综合实训任务分解

序号	实训子任务	实训地点	实训类型	时间(天)
1	实训1 框架结构平法识图实训	建筑模型室	资料填写	2
2	实训2 施工组织设计(PKPM软件应用)	实训机房	技术文件编制	3
3	实训3 基础—柱—梁—板钢筋、模板施工实训	实训基地	动手操作	5
合计				10天(2周)

实训1 框架结构平法识图实训

【实训背景】

建筑识图实训是建筑工程专业重要的实践性教学环节，是一项综合技能训练，其内容包括建筑施工图和结构施工图识图。通过识读，使学生进一步理解和掌握建筑工程图纸的图示方法与图示内容，掌握识读建筑施工图和结构施工图的方法与步骤，为学习后续专业课及将来的工作打下坚实的基础。

【实训目的】

1 能力目标

(1)通过本项实训，使学生掌握框架结构施工图的识读方法；

(2)培养学生独立工作和解决实际问题的能力;
(3)培养学生严肃认真、实事求是、一丝不苟的实践科学态度。

2 知识要点

平法标注绘图方法、读图技巧。

【实训任务】

查阅有关建筑专业的规范条文,识读房屋施工图。要求在规定的时间内完成以下实训任务:
(1)识读建筑施工图,掌握建筑施工图的识读方法和步骤;
(2)识读结构施工图,掌握基础、板、梁、柱的识图方法和步骤;
(3)识读板的钢筋,写出板的钢筋表;
(4)识读梁、柱的钢筋,用截面表示方法绘制出一榀框架,并画出不同断面的剖面图。

【实训安排】

1 地点

建筑施工实训基地内业工作室,建筑模型室。

2 时间

本项目实训时间为2天。

3 组织形式

指导教师提前将实训相关资料发给学生,让学生进行预习。实训开始时,指导教师先利用2个学时在教室进行简单的讲解,然后对本次实训的任务进行说明。实训时学生应按每5人一组进行,每组设组长一名。实训开始前,每组应先讨论本组的实施计划和人员分工。

【实训步骤】

一套完整的图纸应包括图纸目录、设计总说明、建筑施工图、结构施工图、设备施工图。本实训主要针对的是建筑工程技术专业的学生,所以在这里只讲解建筑施工图和结构施工图的识读。

1 识图准备

复习建筑施工图的常见的图例符号,建筑施工规范,验收标准。

2 识图的方法和一般步骤

识图的一般方法应是采取“总体了解,对口识读”的方法。总体了解指的是应总体了解建设单位、设计单位、建筑物名称、建筑物大面积和层数与建筑物类型等内容；对口识读指的是根据工种的不同，各工种的技术人员看本工种的图纸，如电气工程人员看电气施工图，给排水工程人员看给排水施工图。看图时一般按图纸顺序从前到后一张一张地看。

3 建筑施工图的识读

阅读建筑施工图，除应了解建筑施工图的特点和制图标准外，还应按照一定的顺序进行阅读，才能够比较全面而系统地读懂图纸。一套建筑施工所包含的内容比较多，图纸往往有很多张，在阅读一套建筑施工图时，应该从宏观到微观，从整体到局部，然后再回到整体的过程。

3.1 了解建筑整体概况阶段

(1)看标题栏及图纸目录，了解工程名称、项目内容、设计日期等。

(2)看设计总说明，了解建设规模、经济技术指标，室内室外的装修标准。

(3)看总平面图，通过阅读总平面图，了解该建筑单体与周边建筑环境的关系，主要了解四邻的用地功能、建筑类型与规模；了解周边自然地形或人工改造地形与建筑单体的关系，如坡地、护坡、水面、绿地等；了解周边道路与建筑单体的关系，如道路的级别、行车类型、宽度、坡度、与建筑物距离等；了解建筑各入口与周边道路的关系，如主要入口的位置、人流车流流线、消防与疏散线路；了解建筑景观，包括从外部多视角动态地对建筑单体的观察、建筑对周边环境的影响，也包括从建筑单体内部对主要外围环境的观察等；了解建筑单体与土地规划红线的关系；了解有关建筑经济指标，如绿化率、建筑密度、容积率、日照或退缩间距等。

(4)看立面图，大体了解建筑整体形象、层数规模和外墙装饰做法等。

(5)看各层平面图，本阶段是对建筑的概况了解阶段，只需了解各层平面布局、房间的分割等。

(6)看剖面图，了解各层层高、建筑总高、各楼层关系、是否有地下室及其深度。

3.2 深入了解建筑平面、剖面、空间、造型、功能等阶段

(1)看底层平面图，阅读轴线网、了解尺度；认清各区域空间的功能和结构形式；认清交通疏散空间如楼梯间、电梯间、走道、入口、小房前室等；认清各房间或各空间尺度、功能、门窗位置。了解结构形式、空间形式及相互关系。

(2)看标准层平面图，除阅读以上内容外，还应了解各部分空间和下部楼层的功能与结构对应关系。

(3)看顶部各层平面图，建筑顶部楼层因功能、造型等因素可能与其下部楼层差别较大，如减少结构柱的大空间会议厅，屋顶花园与室内外空间的穿插变化。注意建筑功能、交通、结构等与下部楼层的对应关系；注意屋面类型、排水方式、檐口类型等。

(4)看地下室各层平面图，主要了解地下室与上部建筑在结构布置、垂直交通、建筑功能等方面的对应关系，要求按照轴线对应的方式与一层平面图对照读图。了解地下室的功能类型与分区。如部分地下室有地下车库和战时人防两种功能。这两种功能相差甚大。其平时车库的交通流线与战时人防的人流流线可能完全是两套系统，如水泵房、变配电室、发电机房、空调机房等设备用房；也可能是一层空间向下的延伸，如展厅、商场等。

尤其要注意各种管道、电缆井、通风井、排烟气井等与上部建筑的关系。

(5)看剖面图,并对照相应楼层平面图,首先了解剖切位置和观察方向。进一步了解各楼层结构的关系、建筑空间关系、功能关系;详细了解层高、总高、室内外高差、门窗阳台栏杆等高度、吊顶及其他空间尺度与标高。

(6)看立面图。首先看图名,了解立面图的观察方位,然后要求与各层平面图对应读图;了解建筑的外形;了解屋顶的形式,以及门窗、阳台、台阶、檐口等的形状与位置;了解建筑各部位外立面的装修做法、材料、色彩,了解建筑物的总高度和各部位的标高。

阅读建筑详图不一定需要按照规定的先后顺序阅读,可以先通过目录了解本工程图纸包含哪些详图,然后逐一阅读,但应注意同时阅读与该详图有关的图纸。

4 结构施工图的识读

4.1 结构设计总说明

主要内容:主要设计依据,如地质勘探报告等;自然条件,如风雪荷载等,材料标号及要求;标准图的使用;统一的构造做法;±0.000 相对的绝对标高,地耐力、材料标号、挖槽、验槽要求等相关内容。

4.2 基础施工图的识图

基础施工图包括基础平面图和基础详图及有关文字说明。基础施工图属于结构施工图的基本内容。阅读基础施工图首先要看结构设计总说明或文字说明,然后再看基础平面图和基础详图。

(1)基础平面图

基础平面图的形成与楼层建筑平面图相类似。主要表示基础的平面布置情况,定位轴线及其间距,基础的类型、管沟的平面位置和基础详图的剖切位置等。它与基础详图一起,用做放线、挖基槽和基坑、砌筑基础,以及编制预算和施工进度计划的依据。

(2)基础详图

作用:表明基础各组成部分的具体结构和构造。通常采用垂直剖面图来表示。

组成部分:垫层、基础放大脚、基础墙和防潮层等所用的材料、尺寸。

基础平面图只能表示基础的平面布置情况,而且用的比例较小,基础内部的详细构造和细部尺寸都无法表示出来。基础详图的作用则是表明基础各组成部分的具体结构和构造的,通常是采用垂直剖面图来表示。

基础详图主要表明基础各组成部分,包括垫层、基础大放脚、基础墙,通常是采用垂直剖面图来表示。

凡不同构造部分都有单独的详图。对于一些复杂的独立基础,有时还加一个平面局部剖面图。平面图的左下角采用局部剖面,以大部分表示基础外形,以一小角表示基础的网状配筋情况。基础钢筋底下应有保护层。

下面以一个例子来说明基础施工图的识读。

基础施工图如图 4-7 所示。

从基础平面图可以看出:

(1)基础的形式:独立基础。

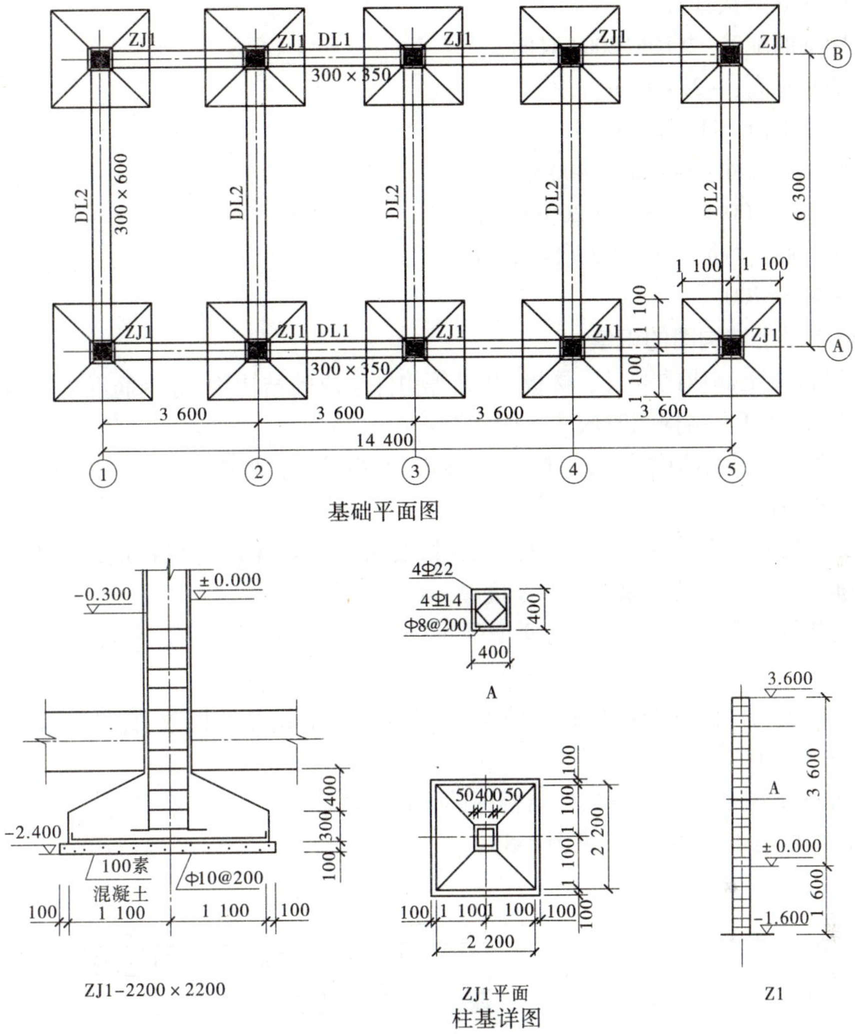

图 4-7 基础施工图

(2)柱子和柱基础的编号和数量。

Z1——柱子

ZJ1——柱基,基底宽度:2 200 mm

(3)地梁的编号和数量。

DL1——8 根,长度:3 200 mm

DL2——5 根,长度:5 900 mm

(4)地梁的截面尺寸。

DL1——300 mm × 350 mm

DL2——300 mm × 600 mm

从柱基详图上可以看出:

(1)柱基垫层的材料、厚度和尺寸:柱基垫层采用 C10 素混凝土,厚度为 100 mm,截面尺寸为 2 400 mm × 2 400 mm × 100 mm。

(2)柱基的形状:四棱台。

(3)柱基的配筋:Φ10@200(双向)。

(4)基底标高:-2.400 m。

从柱子详图上可以看出:

(1)柱截面尺寸:400 mm×400 mm。

(2)柱高:3 600+1 600=5 200(mm)。

(3)柱配筋:主筋:①4 Φ22;②4 Φ14。

箍筋:Φ8@200。

4.3 钢筋混凝土结构图的识读

用钢筋混凝土制成的梁、柱、楼板、基础等构件组成的结构物,称钢筋混凝土结构。

识读钢筋混凝土结构图时应注意的问题:

(1)钢筋混凝土结构图除表示构件的形状、大小外,主要表示构件内部钢筋的配置、形状、数量和规格。

(2)为了防止钢筋生锈,在浇捣混凝土时,要留有一定厚度的保护层,使钢筋不露在外面。因此,看图时要注意保护层的厚度。

(3)光圆钢筋两头要有弯钩,以便增强钢筋和混凝土的黏结力。而螺纹钢筋一般不需弯钩。

(4)混凝土构件图一般都附有钢筋表,识读时要核对钢筋的根数、直径和编号是否与有关的构件图一致。

下面分别举例来说明板、梁、柱结构图的识读方法。

(1)板结构施工图的识读(见图4-8)。

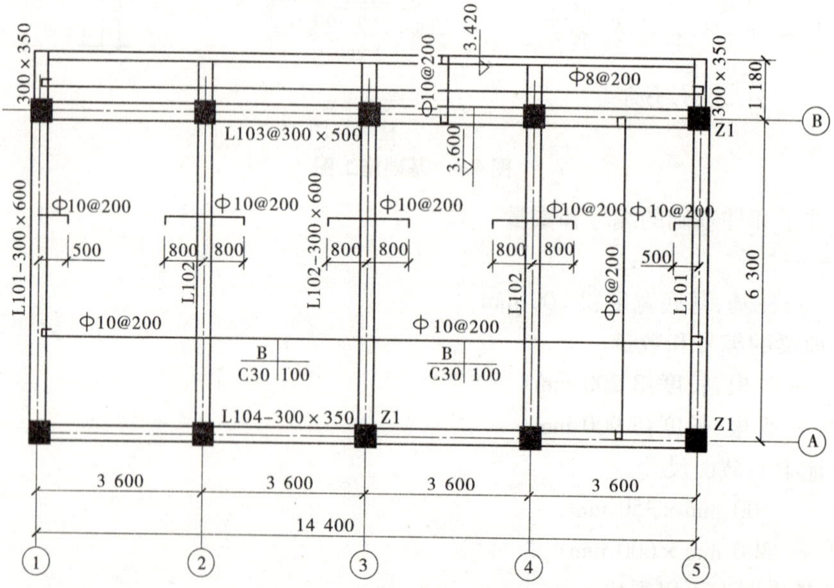

图4-8 顶层楼板结构图

从图 4-8 可以看出：

①梁的编号、截面尺寸、数量。

L101　$b \times h = 300$ mm × 600 mm　共 2 根

L102　$b \times h = 300$ mm × 600 mm　共 3 根

L103　$b \times h = 300$ mm × 500 mm　共 4 根

L104　$b \times h = 300$ mm × 350 mm　共 4 根

②板的尺寸、厚度及配筋。

板的平面净尺寸：梁与梁之间的净长 × 净宽

板厚：100 mm

主筋：Φ 10@ 200

分布筋：Φ 8@ 200

支座负筋：Φ 10@ 200

(2)梁结构施工图的识读。

梁平法施工图表示方法有平面注写方式和截面注写方式两种。梁的平面注写方式包括有集中标注和原位标注(见图 4-9)。

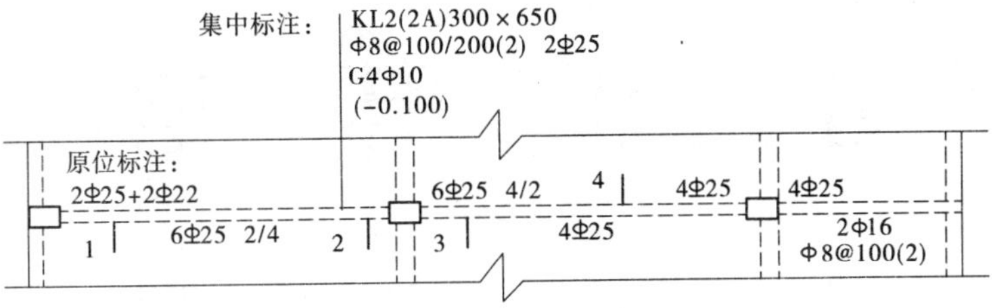

图 4-9　梁平法施工图

在图 4-9 中：

①KL2(2A)300 × 650 为 2 号框架梁，有两跨，一端有悬挑，梁断面 300 × 650；

②梁箍筋：包括钢筋级别、直径、加密区与非加密区间距及肢数。箍筋加密区与非加密区的不同间距及肢数用"/"分隔，箍筋肢数写在括号内。

Φ 8@ 100/200(2)表示 HPB235 级钢筋、直径 8 mm、加密区间距 100 mm、非加密区间距 200 mm，均为双肢箍。

③梁上部贯通筋或非架立筋：所注规格及根数应根据结构受力要求及箍筋肢数等构造要求而定。当既有贯通筋又能架立筋时，用角部贯通筋 + 架立筋的形式，架立筋写加号后面的括号内。

2 Φ 25 表示在梁上部贯通直径为 25 mm 的钢筋 2 根。

④(−0. 100)表示梁顶相对于楼层标高低 0. 100 m。

⑤梁侧面纵向构造钢筋或受扭钢筋：此项为选注值，当梁腹板高 ≥450 mm 时，须配置符合规范规定的纵向构造钢筋。

G4 Φ 10，表示梁的两个侧面共配置 4 Φ 10 的纵向构造钢筋，两侧各 2 Φ 10 对称配置。

⑥梁支座上部纵筋：原位标注的支座上部纵筋应为包括集中标注的贯通筋在内的所

有钢筋。多于1排时，用“/”自上而下分开；同排纵筋有2种不同直径时，用“+”相联，且角部纵筋写在前面。

6 Φ25 4/2 表示支座上部纵筋共2排，上排4 Φ25，下排2 Φ25；

2 Φ25 +2 Φ22 表示梁支座上部有四根纵筋，2 Φ25 放在角部，2 Φ22 放在中部；

4 Φ25 表示有4根直径为25 mm的支座上部纵筋，1排布置。

⑦梁下部钢筋：与上部纵筋标注类似，多于1排时，用“/”自上而下分开。同排纵筋有2种不同直径时，用“+”相联，且角部纵筋写在前面。

6 Φ25 2/4 表示该跨梁下部配筋共2排，上一排纵筋为2 Φ25，下一排纵筋为4 Φ25全部伸入支座；

4 Φ25 表示该跨梁下部纵筋1排，4根钢筋均伸进支座。

⑧当集中注写的数值中某一项（或几项）数值不适用于某跨或某悬挑部分时，则按其不同数值原位注写在该跨或该悬挑部分处，施工时，按原位标注的数值优先选用。如悬挑梁部分，下部标注Φ8@100，表示悬挑部分的箍筋通长都为直径为8 mm，间距为100 mm的双肢箍。

梁截面图如图4-10所示。

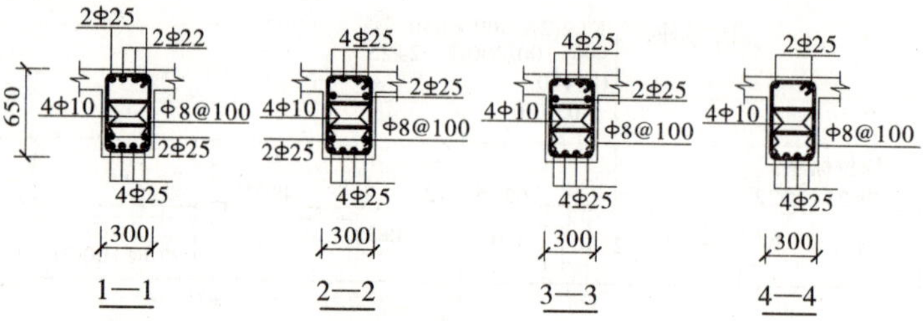

图4-10 梁截面图

(3)柱结构施工图的识读。

柱平法施工图是在柱平面布置图上表达的施工图，采用的方式有截面注写方式和列表注写方式两种。

通过图4-11、表4-25来说明柱结构施工图的识读。

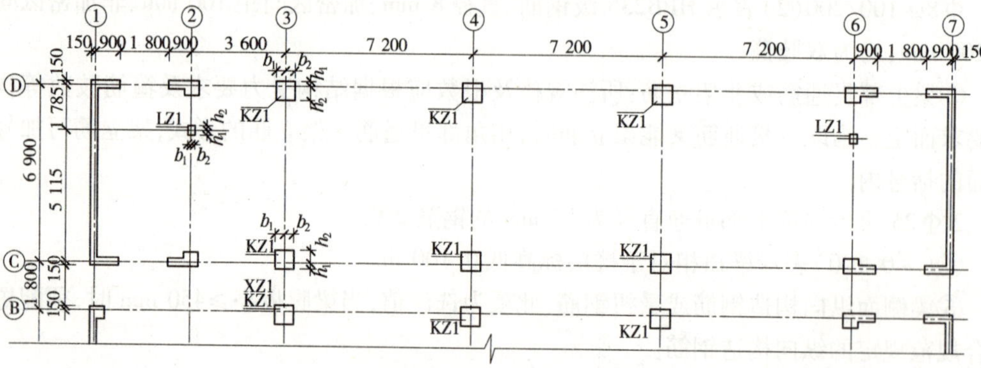

图4-11 柱平面布置图

表 4-25 柱表

序号	柱号	标高	$b\times h$	b_1	b_2	h_1	h_2
1	KZ1	-0.030~19.470	750×700	375	375	150	550
2		19.470~37.470	650×600	325	325	150	450
3		37.470~59.070	550×500	275	275	150	350
序号	全部纵筋	角筋	b边一侧中部筋	h边一侧中部筋	箍筋类型号	箍筋	备注
1	24Φ25				1(5×4)	Φ10@100/200	箍筋类型见图集(03G101—1)
2		4Φ22	5Φ22	4Φ20	1(4×4)	Φ10@100/200	
3		4Φ22	5Φ22	4Φ20	1(4×4)	Φ10@100/200	

从图4-11、表4-25中可以看出(以KZ1为例):

柱的编号:KZ1,表示第1号框架柱

柱高:30+59 070=59 100(m)

由于柱为变截面,柱截面尺寸及配筋见图4-12。

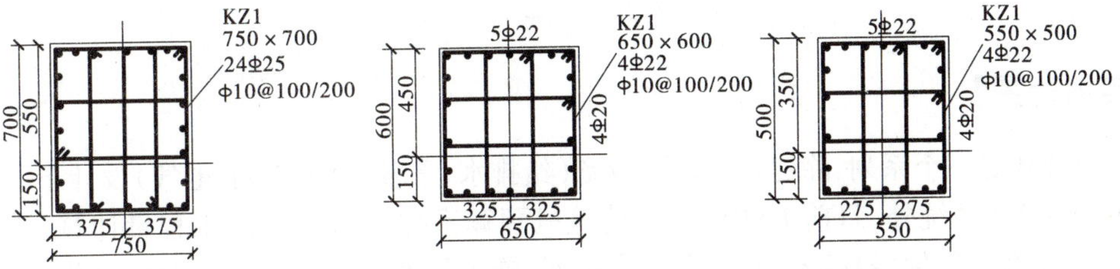

-0.030~19.470柱截面　19.470~37.470柱截面　37.470~59.070柱截面

图4-12 柱截面尺寸及配筋

【实训成果】

(1)识读并抄绘建筑施工图。识读建筑设计说明书、总平面图、各层平面图、立面图、剖面图和详图,小组协作提交识读报告,并个人完成建筑施工图的抄绘。

(2)识读并抄绘结构施工图。识读结构设计说明、基础图、结构平面布置图、结构构件详图,写出识读报告,小组协作提交识读报告,并个人完成结构施工图的抄绘。

【技术要求】

(1)在规定时间内提交绘制的施工图、报告资料。

(2)实训报告资料体会不能照搬照抄,应该写自己识图的过程和心得体会,书写要规整。

【实训考核】

该项目考核评价标准如表4-26所示。

表4-26 框架结构平法识图实训成绩评定表

考核评定方式	评定内容	分值	学生得分
小组自评	工作态度	10	
	绘图规范性	10	
	材料完整性	10	
	进度	10	
小组互评	成果质量	10	
教师评定	考勤	10	
	工作态度	10	
	成果质量	20	
	进度	10	
合计		100	

实训2 施工组织设计(PKPM软件应用)

【实训背景】

PKPM是一个系列,除建筑、结构、设备(给排水、采暖、通风空调、电气)设计于一体的集成化CAD系统外,目前PKPM还有建筑概预算系列(钢筋计算、工程量计算、工程计价)、施工系列软件(投标系列、安全计算系列、施工技术系列)、施工企业信息化(目前全国很多特级资质的企业都在用PKPM的信息化系统)。

【实训目的】

1 能力目标

(1)熟悉PKPM软件的基本操作。

(2)模仿实例,运用PKPM软件编写单位工程施工组织设计文件。

2 知识要点

横道图,网络图进度计划,时标网络图,进度优化。

【实训任务】

给定建筑施工实训基地图纸、地形图、地址勘察报告等资料,在实训机房,练习模拟编写“建筑施工实训基地”单位工程施工组织设计。

【实训类型】

动手操作。

【实训安排】

1 地点

实训机房。

2 时间与组织

每人一台计算机,不分组,表4-27为实训中的时间分配表。

表4-27 时间分配表

步骤	完成内容	所需时间	备注
1	熟悉资料,教师讲解	0.5天	熟悉施工图集和教材
2	动手操作,在电脑上实作	2天	掌握编制内容、软件使用方法,教师巡视指导
3	打印上交实训成果	0.2天	
4	总结、提高	0.3天	成果交老师评阅
合计		3天	

3 材料机具

实训设备:电脑、PKPM软件。
实训资料:教材、实训指导书。

【实训步骤】

1 熟悉任务

PKPM绘制双代号网络图流程:
(1)输入工序(名称、持续时间、工程量、资源、搭接关系)、成本计划。
(2)调整、修改计划。
(3)各种图表(横道图、双代号、单代号、资源消耗曲线)。
(4)进度、成本、质量、安全控制。

2 工程参数设置

新建项目→项目信息→施工定额→资源设置→日历编辑。如图4-13~图4-15所示。

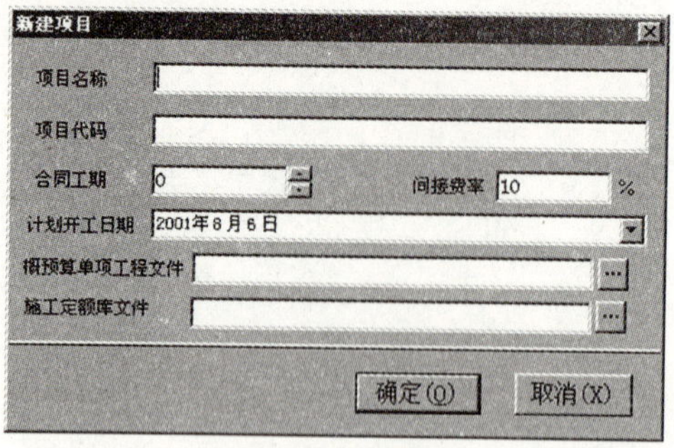

图 4-13　新建项目

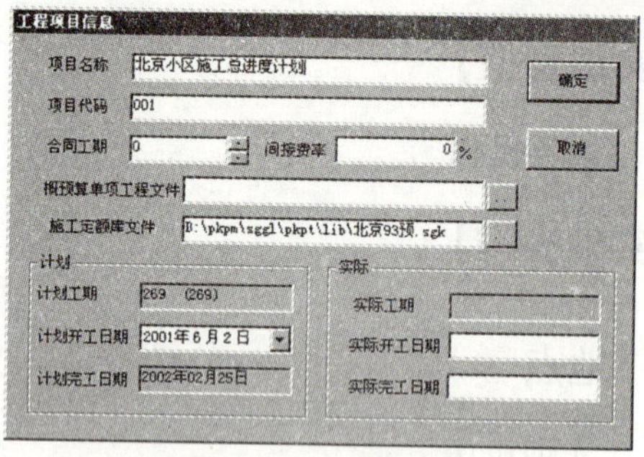

图 4-14　项目信息

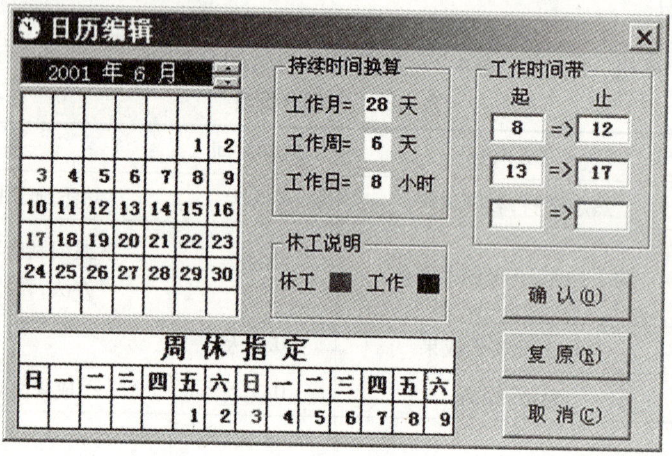

图 4-15　日历编辑

3　设置工序

从概预算生成工序，从施工模板、其他工程导入工序 → 基本信息 → 工程量 → 施工安排 → 搭接关系 → 资源 → 成本 → 合同、质量、安全。如图 4-16 ~ 图 4-20 所示。

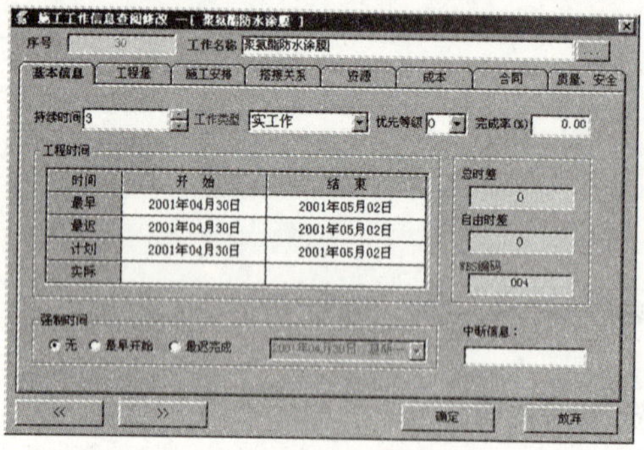

图 4-16　设置工序(一)

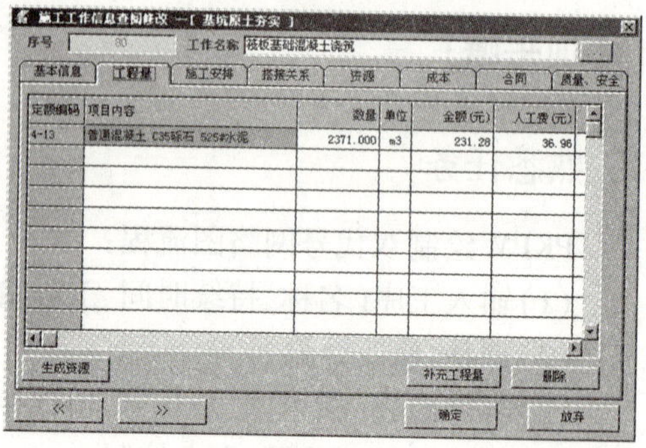

图 4-17　设置工序(二)

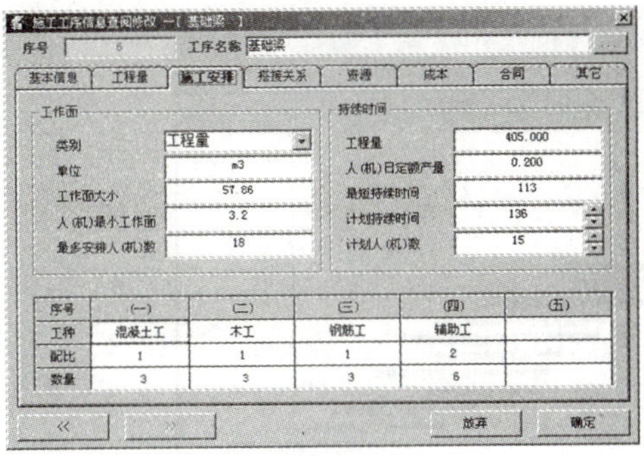

图 4-18 设置工序(三)

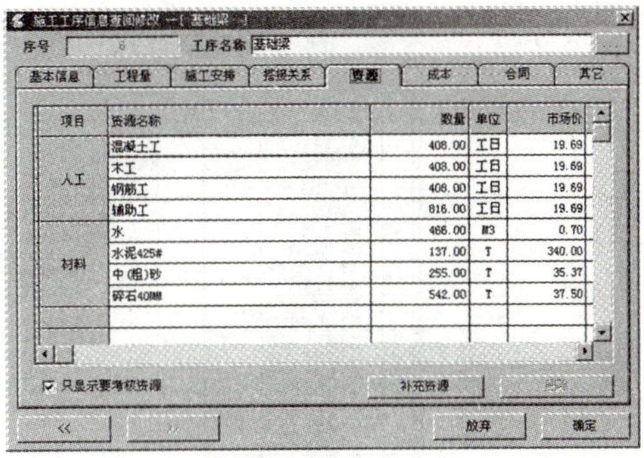

图 4-19 设置工序(四)

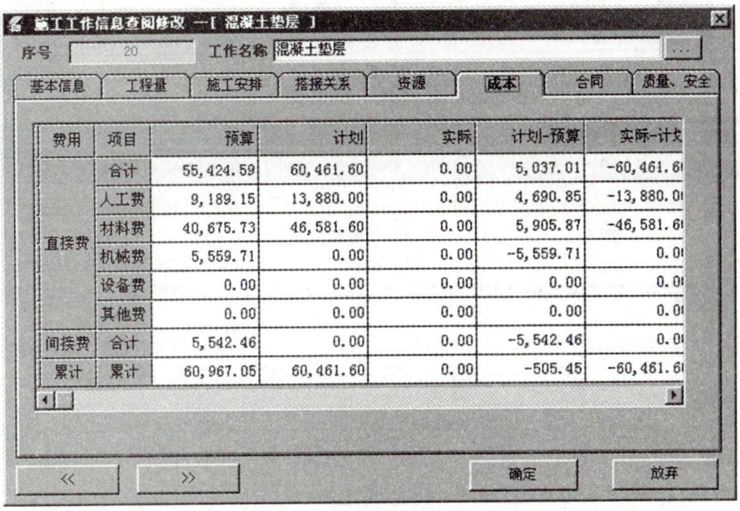

图 4-20 设置工序(五)

4 横道图

建立、编辑搭接关系 → 复制、粘贴工序 → 升级、降级 → 流水 → 下方带资源图 → 标注、图片 → 整理排序 → 参数设置 → 显示前锋线、实际计划比较 → 显示图例、水平线,工序名称 → 分段打印。如图 4-21 所示。

5 双代号网络图

增加删除实工作、虚工作→区域显示→改变工序、结点的垂直位置→修改节点类型→调整工序持续时间→设置行高、节点大小、字体、对齐位置→自动布图 → 显示并增加左侧信息栏 → 标注(可以带边框和箭头)→图片→设置特殊的时间段,时间标尺设置 → 下方显示资源图,显示前锋线(见图 4-22)。

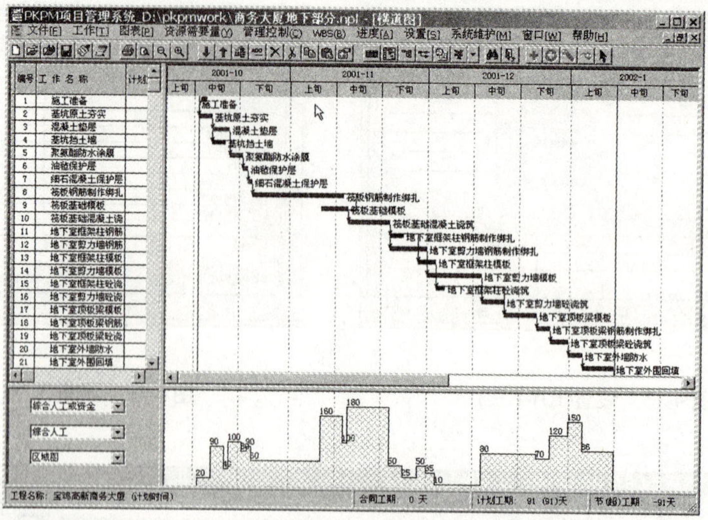

图 4-21 横道图

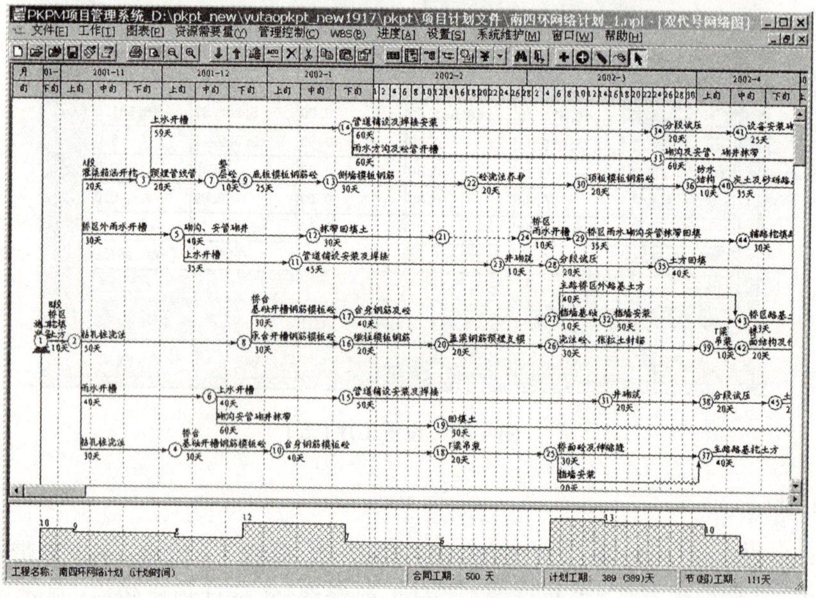

图 4-22 双代号网络图

6 完成施工组织设计其他内容编写

【实训成果】

PKPM 施工组织设计文件。

【技术要求】

技术文件编制应达到的基本要求是:

(1)编制的文件内容应满足实用性。

(2)技术措施、工艺方法、数据计算正确合理。
(3)语言文字简洁,技术术语引用规范、准确。
(4)基本内容及格式符合规范、标准的要求。

【考核评价】

该项目考核评价标准如表4-28所示。

表4-28 PKPM编制施工组织设计实训成绩评定表

考核评定方式	评定内容	分值	学生得分
小组自评	工作态度	10	
	软件操作	10	
	设计说明书完整性	10	
	进度	10	
小组互评	成果质量	10	
教师评定	考勤	10	
	软件操作	10	
	成果质量	20	
	进度	10	
合计		100	

实训3 基础—柱—梁—板钢筋、模板施工实训

【实训背景】

框架结构是目前民用建筑常用的结构形式,所以有必要进行这方面的实训。依托建筑施工实训基地,该工程①—④轴线为框架结构主体工程,以底层为例,模拟柱、梁、板构件进行施工实训。

【实训目的】

1 能力目标

(1)能根据施工图纸和施工实际条件,进行模板配板设计。
(2)能根据施工图纸和施工实际条件,编写模板工程施工技术交底。
(3)能根据建筑工程质量验收方法及验收规范进行模板工程的质量检验。
(4)掌握钢筋的下料长度的计算方法。
(5)掌握钢筋除锈、调直、切断等技术要求。

(6)掌握各种钢筋混凝土结构中的配筋和绑扎基本要求。

(7)掌握钢筋工程质量的检验及评定方法。

2　知识要点

识读钢筋混凝土结构施工图,模板的放线、配板、安装、质量检查与评定;钢筋的下料、加工、弯曲成型、安装、质量检查与评定。

【实训任务】

子任务1　基础钢筋施工实训

某框架结构,抗震等级为3级。独立基础J-1配筋如图4-23所示,混凝土强度等级为C30,保护层厚度为40 mm,柱保护层厚度为25 mm。按最新规范和《混凝土结构施工图》(11G101—3)要求设计和施工。根据给定信息完成该基础钢筋施工。

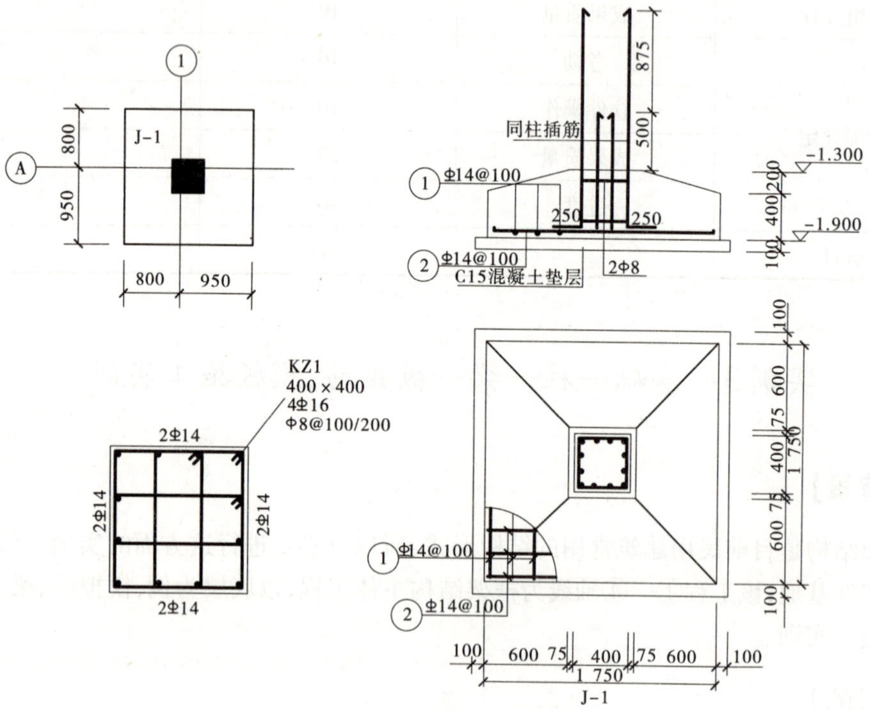

图4-23　基础J-1配筋

子任务2　柱钢筋施工实训

某建筑物为剪力墙结构,抗震等级为3级。构造边缘端柱GDZ1如图4-24所示,混凝土强度等级为C30,保护层厚度为25 mm,层高为1.200 m,设计要求柱纵筋连接采用电渣压力焊。按最新规范和《混凝土结构施工图》(11G101—01)要求设计和施工。根据给定信息完成该图中GDZ1施工。

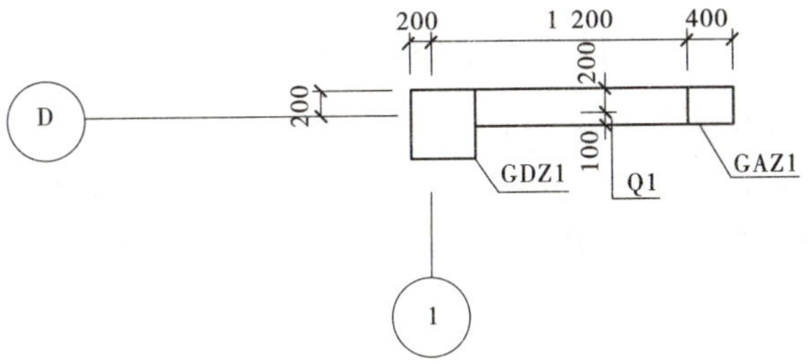

截面	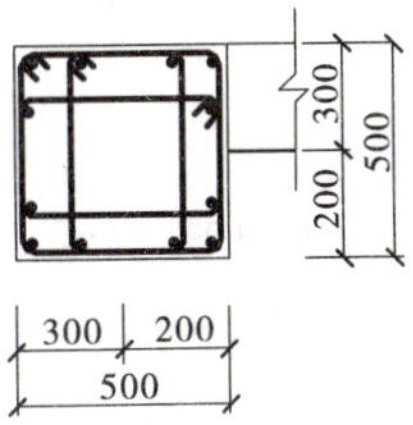	截面	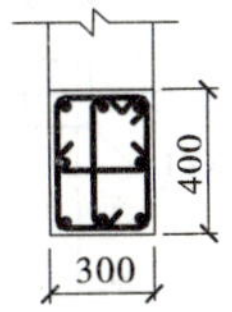
编号	GDZ1	编号	GAZ1
标高	±0.000~3.600	标高	±0.000~3.600
纵筋	12Φ14	纵筋	8Φ14
箍筋	Φ6@100	箍筋	Φ6@100

图 4-24　构造边缘端柱 GDZ1

子任务 3　梁钢筋施工实训

某框架结构，抗震等级为 3 级。KL1 配筋如图 4-25 所示，混凝土强度等级为 C30，梁、柱保护层厚度均为 25 mm，按最新规范和《混凝土结构施工图》（11G101—01）要求设计和施工。根据给定信息完成该梁施工。

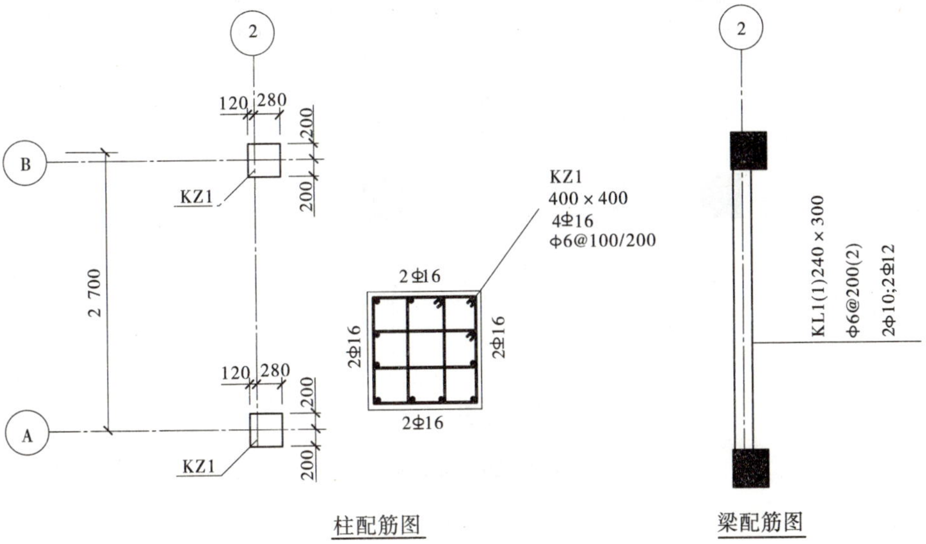

图 4-25　KL1 配筋

子任务 4　板钢筋施工实训

某框架结构，抗震等级为 3 级。LB1 配筋如图 4-26 所示，混凝土强度等级为 C30，板保护层厚度为 15 mm，梁、柱保护层厚度为 25 mm，分布筋均为 Φ 6@ 200。按最新规范和《混凝土结构施工图》(11G101—01)要求设计和施工。根据给定信息完成该板施工。

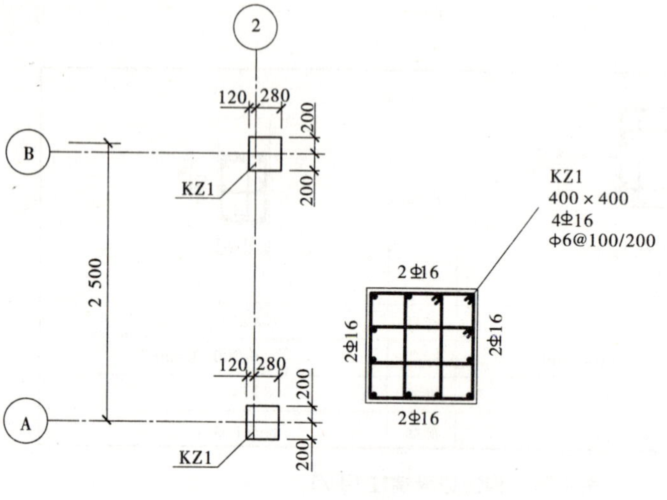

柱配筋图

梁配筋图

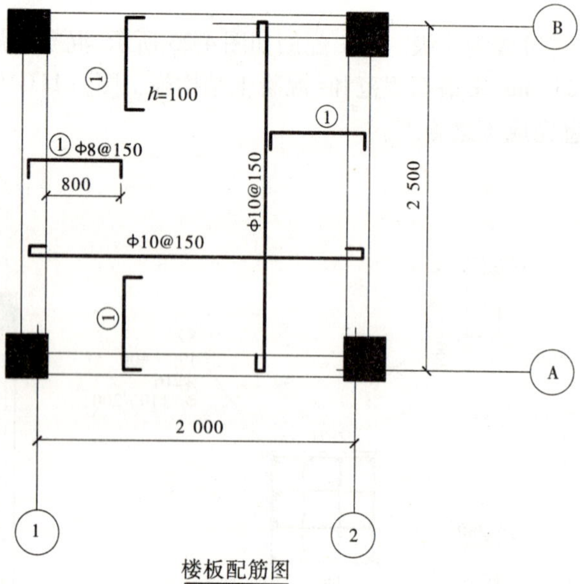

楼板配筋图

图 4-26　LB1 配筋

【实训安排】

1 地点

建筑施工实训基地。

2 时间与组织

计划8～10人一个实训小组,分为4～5组。

【实训类型】

实践操作、观看录像、实训基地现场参观、填写资料。

【实训步骤】

1 识图

2 钢筋配料单编制

钢筋配料单如表4-29所示。

表4-29 钢筋配料单

构件编号	钢筋编号	简图	钢号	直径(mm)	下料长度(mm)	根数	合计长度(m)	质量(kg)
	1							
	2							
	3							
合计								

3 钢筋下料

(1)所需工具、设备/每组见表4-30。

表4-30 所需工具、设备

序号	设备/工具名称	数量(台/套)
1	钢筋切断机	
2	钢筋加工台	
3	钢筋弯箍机	
4	扎钩	
5	卷尺	
6	安全帽、工作服、手套每人一套	
7	扎丝、钢筋若干	

(2)钢筋下料。

在实训指导教师的指导下,按照相关仪器、设备操作规程对钢筋进行下料,按《钢筋配料单》所计算的长度进行下料,要求钢筋钢号、直径和根数准确无误,钢筋下料后按规格、直径、长度分类摆放。

4 加工要求

箍筋弯钩的弯折角度应为135°,箍筋弯钩平直部分为80 mm,钢筋各部平直部分尺寸应按配料单中简图所示加工,尺寸偏差应符合表4-31的规定。

表4-31 钢筋尺寸允许偏差

项目	允许偏差(mm)
受力钢筋顺长度方向全长的净尺寸	±10
弯起钢筋的弯折位置	±20
箍筋内净尺寸	±5

钢筋加工后应按GB 50204相关规定进行检验,并填写《钢筋加工检验批质量验收记录表》(附件7)。

5 钢筋绑扎安装

5.1 钢筋划线

为便于控制箍筋间距,在钢筋绑扎安装前应先根据箍筋间距等相关信息在梁角筋外侧上将箍筋位置标出。

5.2 箍筋排放

在穿主筋之前应将箍筋在地面平放,并使箍筋开口一左一右相互错开摞起,穿筋时应先穿梁上部通长筋,梁箍筋开口应位于梁上方,待箍筋排好后穿其他纵筋。

5.3 箍筋绑扎

箍筋绑扎要求所有与角筋交接处全部绑扎;所有箍筋开口全部绑扎,中部筋可间隔绑扎,相邻两个绑扎点扎丝应互成八字。

6 钢筋安装质量验收

钢筋质量验收应按照GB 50204相关规定进行,并填写《钢筋安装工程检验批质量验收记录表》。

【实训成果】

(1)实作成果;

(2)施工技术交底文件;

(3)钢筋工程、模板工程检验批质量验收记录表。

【技术要求】

1　资料要求

(1)编制的文件内容应满足实用性。

(2)技术措施、工艺方法正确合理。

(3)语言文字简洁,技术术语引用规范、准确。

(4)基本内容及格式符合规范、标准的要求。

2　实作要求

(1)严格按照指导教师的要求,及时完成各项任务。

(2)注意实训过程的安全,进场学生必须佩戴安全帽。

(3)注意实训设备、工具的安全使用,及时归还所领工具。

(4)严禁在无任何安全措施的条件下从事实训作业。

(5)各小组实训完毕务必做到任务完场地清。

3　钢筋加工质量标准

3.1　主控项目

(1)应按现行国家标准 GB 1499 等规定,抽取试件作力学性能检验;检查产品合格证、出厂检验报告和进场复验报告。

(2)有抗震要求的框架结构纵向受力钢筋的强度,当设计无具体要求时,对一、二级抗震等级应符合下列规定:

①钢筋抗拉强度实测值与屈服强度实测值的比值不应小于1.25;

②钢筋屈服强度实测值与强度标准值的比值不大于1.3,检查进场复验报告。

(3)当钢筋发生脆断,焊接性能不良或力学性能显著不正常时,应对该批钢筋进行化学成分检验或其他专项检验。检查化学成分等专项检验报告。

(4)受力钢筋的弯钩和弯折应符合下列规定:

①HPB235 级钢筋末端应做180°弯钩,其弯弧内直径不应小于钢筋直径的2.5倍,弯钩的弯后平直部分长度不应小于钢筋直径的3倍。

② 135°弯钩,HRB335 级、HRB400 级钢筋的弯弧内直径不应小于钢筋直径的4倍,弯钩的弯后平直部分长度应符合设计要求。

③不大于90°的弯折时,弯折处的弯弧内直径不应小于钢筋直径的5倍。钢尺检查。

(5)除焊接封闭环式箍筋外,箍筋的末端应做弯钩,弯钩形式应符合设计要求;当设计无要求时,应符合下列规定:

①弯弧内直径满足第(4)条的要求,尚应不小于受力钢筋直径。

②弯折角度:一般结构,不应小于90°;有抗震等要求的结构应为135°。

③弯后平直部分长度:对一般结构不小于箍筋直径的5倍;有抗震等要求的结构,不应小于箍筋直径的10倍。钢尺检查。

3.2 一般项目

(1)钢筋应平直、无损伤,表面不得有裂纹、油污、颗粒状或片状老锈。观察检查。

(2)钢筋调直采用冷拉法时,HPB235 级钢筋的冷拉率不宜大于 4%,HRB335 级、HRB400 级和 RRB400 级钢筋的冷拉率不宜大于 1%。观察及尺量检查。

(3)钢筋加工的形状尺寸应符合设计要求,偏差应符合表 4-32 要求。尺量检查。

表 4-32 钢筋加工尺寸允许偏差

项目	允许偏差(mm)
受力钢筋顺长度方向全长的净尺寸	±10
弯起钢筋的弯折位置	±20
箍筋内净尺寸	±5

4 钢筋安装质量标准

4.1 主控项目

(1)纵向受力钢筋的连接方式应符合设计要求。观察检查。

(2)连接接头力学性能,按《钢筋机械连接通用技术规程》(JGJ 107)、《钢筋焊接及验收规程》(JGJ 18)的规定抽取钢筋连接接头、焊接接头试件作力学性能检验,其质量应符合规定。检查接头力学试验报告。

(3)钢筋安装时,受力钢筋的品种、级别、规格和数量符合设计要求。观察和尺量检查。

4.2 一般项目

(1)钢筋接头宜设置在受力较小处。同一纵向受力钢筋不宜设置两个或两个以上的接头,接头末端至钢筋弯起点的距离不少于钢筋直径的 10 倍。观察和尺量检查。

(2)机械连接、焊接接头的外观质量应符合《钢筋机械连接通用技术规程)(JGJ 107)、《钢筋焊接及验收规程》(JGJ 18)的规定。观察检查。

(3)设置在同一构件内的受力钢筋接头宜相互错开,其同一级内纵向受力钢筋的接头面积百分率应符合设计要求,当设计无要求时,应符合以下规定:

①在受拉区不宜大于 50%。

②接头不宜设置在有抗震设防要求的框架梁端、柱端的箍筋加密区;当无法避开时,对等强度高质量机械连接接头,不应大于 50%。

③直接承受动力荷载的结构构件中,不宜采用焊接接头;当采用机械连接接头时,不应大于 50%。

(4)同一构件中相邻纵向受力钢筋绑扎接头宜相互错开,绑扎接头中钢筋的横向净距不应小于钢筋直径,且不应小于 25 mm。同一连接区段内有搭接接头的纵向受力钢筋接头面积百分率应符合设计要求,当设计无要求时,应符合以下规定:

①对梁类、板类及墙类构件,不宜大于 25%。

②对柱类构件,不宜大于 50%。

③当工程中的确有必要增大接头面积百分率时，对梁类构件，不应大于50%；对其他构件，可根据实际情况放宽。观察尺量检查。

④纵向受力钢筋绑扎搭接接头的最小搭接长度应符合《混凝土结构工程施工质量验收规范》附录B的规定。

(5)在梁柱构件的纵向受力钢筋搭接区内应按设计要求配置箍筋，当设计无要求时应符合以下规定：

①箍筋直径不应小于搭接钢筋较大直径的0.25倍。

②受拉搭接区段的箍筋间距不应大于搭接钢筋较小直径的5倍，且不应大于100 mm。

③受压搭接区段的箍筋间距不应大于搭接钢筋较小直径的10倍，且不应大于200 mm。

④当柱中纵向受力钢筋直径大于25 mm时，应在搭接接头两个端面外100 mm范围内各设置两个箍筋，其间距宜为50 mm，尺量检查。

(6)钢筋安装位置允许偏差。尺量检查。

5 模板工程质量标准

5.1 主控项目

(1)当楼层模板不仅承受本层施工荷载，而同时承受后继施工的上层荷载时，其上下层支架的立柱应对准，并铺设垫板。

(2)在涂刷模板隔离剂时，不得沾污钢筋和混凝土接槎处。

5.2 一般项目

(1)模板安装应满足下列要求：

①模板接缝不应漏浆。

②模板与混凝土接触面应清理干净并涂刷隔离剂，但不得采用影响结构性能或防碍装饰工程施工隔离剂；楼板、梁模一律刷水性隔离剂，刷后要防雨，不要浇水。

③浇筑混凝土前，模板内的杂物应清理干净。

④对清水混凝土工程和装饰混凝土工程，应使用能达到设计效果的模板。

(2)对跨度不小于4 m的现浇混凝土梁、板，其模板按设计要求起拱。如无设计要求时，起拱高度钢支撑宜为全跨度的1/1 000～1.5/1 000，木支撑宜为全跨度的2/1 000～3/1 000。

(3)固定在模板上的预埋件、预留孔和预留洞均不得遗漏，且应安装牢固，其偏差应符合表4-33的规定。

表4-33 预埋件和预留孔洞的允许偏差及检验方法

项目	允许偏差(mm)	检查方法
预埋钢板中心线位置	3	拉线和尺量检查
预埋管、预留孔中心线位置	3	拉线和尺量检查

续表 4-33

项目		允许偏差(mm)	检查方法
插筋	中心线位置	5	拉线和尺量检查
	外露长度	+10,0	尺量检查
预埋螺栓	中心线位置	2	拉线和尺量检查
	外露长度	+10,0	尺量检查
预留洞	中心线位置	10	拉线和尺量检查
	尺　寸	+10,0	尺量检查

注:检查中心线位置时,应沿纵、横两个方向量取,并取其中的较大值。

(4)现浇结构模板安装的偏差应符合表 4-34 所示允许偏差。

表 4-34　现浇结构模板安装的允许偏差及检验方法

项目		允许偏差(mm)	检查方法
轴线位置		5	钢尺检查
底模上表面标高		±5	水准仪或拉线、钢尺检查
截面内部尺寸	基础	±10	钢尺检查
	柱、墙、梁	+4,-5	钢尺检查
层高垂直度	不大于 5 m	6	经纬仪或吊线、钢尺检查
	大于 5 m	8	经纬仪或吊线、钢尺检查
相邻两板表面高低差		2	钢尺检查
表面平整度		5	2 m 靠尺和塞尺检查

【考核评价】

该项目考核评价标准如表 4-35 所示。

表 4-35　基础—柱—梁—板钢筋、模板施工实训成绩评定表

学号:　　　　　　　　　　　　　　姓名:

项目	内容	比例(%)	得分
操作技能	动作要领	40	
质量验收	成果质量	20	
心智技能	现场回答问题	10	
	实训资料记录	10	
工作态度	工作态度	5	
	考勤情况	5	
	安全卫生	5	
	团队协作	5	
合计		100	

本项目实训拓展与提高

在今后的教学与实践环节中,可根据院校的实际条件和教学需要,拓展实训范围,酌情增加拓展性、提高性的实训项目。例如本项目的拓展性实训项目有:

(1)复杂地基处理实训。

(2)深基础形式选择及施工方案编制实训。

(3)施工缝留置设计实训。

(4)混凝土方案选择与技术交底实训。

(5)混凝土工程冬季施工方案编制实训。

本项目实训小结

(1)巩固基础理论,提高实践技能。

通过本项目实训使学生掌握框架结构工程的综合施工内容,加深基础理论学习,增强实践动手操作技能。

(2)调动学生积极性,改变传统教学模式,提高教学效果。

通过实训,使学生由原先坐在教室里被动听课的教学模式,变为积极参与的主人翁,充分调动学生的主观能动性,开发学生潜能,提高综合能力。

(3)以就业为导向,和企业实际接轨。

在和企业专家充分调研的基础上,开发的实训项目均具有典型性、代表性。充分体现了实际岗位的需要和学生应具备的能力。通过这些项目的实训,很好地使学生了解现代企业的经营模式、掌握最实用的施工工艺,具备胜任当代企业现场工作岗位的能力。

实训项目三　某剪力墙结构施工综合实训

本项目实训导言

剪力墙结构是用钢筋混凝土墙板来代替框架结构中的梁柱,能承担各类荷载引起的内力,并能有效控制结构的水平力,这种用钢筋混凝土墙板来承受竖向和水平力的结构称为剪力墙结构。这种结构在高层房屋中被大量运用。

剪力墙的作用如下:

(1)建筑物中的竖向承重构件主要由墙体承担时,这种墙体既承担水平构件传来的竖向荷载,同时承担风力或地震作用传来的水平地震作用。剪力墙即由此而得名(抗震规范定名为抗震墙)。

(2)剪力墙是建筑物的分隔墙和围护墙,因此墙体的布置必须同时满足建筑平面布置和结构布置的要求。

(3)剪力墙结构体系,有很好的承载能力,而且有很好的整体性和空间作用,比框架结构有更好的抗侧力能力,因此可建造较高的建筑物。

(4)剪力墙的间距有一定限制,故不可能开间太大。对需要大空间时就不太适用,灵活性就差。一般适用住宅、公寓和旅馆。

(5)剪力墙结构的楼盖结构一般采用平板,可以不设梁,所以空间利用比较好,可节约层高。

剪力墙结构是目前工程建筑行业高层民用建筑常用的结构形式,应用广泛,故开展此项目的综合实训有非常重要的意义。

剪力墙结构施工综合实训任务分解见表4-36。

表4-36 剪力墙结构施工综合实训任务分解

序号	实训子任务	实训地点	实训类型	时间(天)
1	实训1 深基坑支护施工方案编制实训	实训机房	技术文件编制	1
2	实训2 桩基础施工方案编制实训	实训基地	动手操作	2
3	实训3 剪力墙(暗柱)的钢筋、模板工程施工实训	实训基地	文件编制	2
合计				5天(1周)

实训1 深基坑支护施工方案编制实训

【实训背景】

深基坑支护是指为保证地下结构施工及基坑周边环境的安全,对深基坑侧壁及周边环境采用的支挡、加固与保护的措施。随着高层建筑的高度不断增高,基础埋深相应加深,地下室的层数也随之增多,很多重要场所都设在地下室,如停车场、设备机房、人防地下室、餐饮娱乐及商场等。因此,深基坑的支护方案已成为高层建筑设计时不可忽视的重要环节,尤其当与旧建筑相邻时,为确保相邻建筑的安全,更应采取切实可靠的支护措施。

【实训目的】

1 能力目标

(1)能根据工程环境和土质条件合理选择深基坑的支护方案。

(2)掌握常见的深基坑支护措施:钢板桩、排桩、深层搅拌桩、土钉墙等的施工工艺及质量验收标准。

2 知识要点

深基坑支护类型、各支护工艺的要点,质量标准,安全技术要求。

【实训任务】

给定某工程实例:

某公司综合楼位于和平南路300号,南接×××办公楼,东临该公司1#、2#住宅楼,占地南北长52 m、东西宽10.5 m,设一层地下室。基坑开挖按1:0.4放坡,为防止办公楼及住宅楼随着地基的开挖出现事故问题，确保周边的安全，结合该工程地质现场勘察的地质情况，遵循安全可靠、技术可行、经济合理、节约工期的原则，该工程土方开挖时，试选择该基坑合理的支护措施，并编制支护施工方案。

地基土的构成及岩性特征，自上而下分为六层：

(1)杂填土：层底埋深0.8～2.1 m，平均厚1.45 m，褐、褐黄，以粉土为主。

(2)粉土：层底埋深2.9～5.8 m，分布厚度1.8～4.5 m，平均厚度3.15 m，场地在该层底为一厚0.9～1.7 m的粉质黏土层，场地西面在埋深1.9～3.2 m处为一层1.6 m左右粉质黏土，向南变薄，直至为零，在埋深3.5～5.3 m内含细砂。

(3)细砂、中砂：层底埋深6.9～8.0 m，分布厚度1.2～4.2 m，平均厚度2.7 m，场地东为细砂、中砂互层，以细砂为主，含有粉质黏土和中砂，场地西以中砂为主，夹有粉砂、粗砂，粗砂中含有大量的卵石。

(4)粉土：层底埋深10.0～11.5 m，分布厚度2.0～3.6 m，平均厚度为1.9 m。

(5)粉质黏土：层底埋深12.5～14.0 m，分布厚度1.4～4.0 m，平均厚度2.7 m。

(6)粉土：本次勘察未穿透该层，该层顶部为一厚1.3 m左右的细砂层。

【实训类型】

方案设计与制订。

【实训安排】

1 地点

建筑施工实训基地内业工作室。

2 时间与组织

计划8～10人一个实训小组，分为4～5组，表4-37为实训工程中的时间分配表。

表4-37 时间分配表

步骤	完成内容	所需时间	备注
1	布置任务，熟悉资料	1小时	熟悉实训资料和教材
2	教师讲解基坑支护措施	1小时	
3	编制基坑支护施工方案	4小时	巡视指导
4	提交实训成果	1小时	
5	交流、讨论、总结、提高	1小时	成果交老师评阅
合计		1天	

3 材料机具

实训资料：任务书、指导书、相关教材、规范、规程。

实训工具:计算器、笔、纸。

【实训步骤】

(1)复习基坑支护的类型及各自特点。

(2)编制施工方案,内容如下:

①工程概况;

②采用×××支护工艺;

③施工组织;

④主要施工机械设备;

⑤工艺流程及施工方法;

⑥质量保证措施。

【实训成果】

某工程×××支护施工方案。

【技术要求】

技术文件编制应达到的技术要求是:

(1)编制的文件内容应满足实用性。

(2)技术措施、工艺方法、数据计算正确合理。

(3)语言文字简洁,技术术语引用规范、准确。

(4)基本内容及格式符合规范、标准的要求。

【考核评价】

深基坑支护施工方案编制实训成绩评定表见表4-38。

表4-38 深基坑支护施工方案编制实训成绩评定表

考核评定方式	评定内容	分值	学生得分
小组自评	工作态度	10	
	计算书准确性	10	
	设计说明完整性	10	
	进度	10	
小组互评	成果质量	10	
教师评定	考勤	10	
	进度	10	
	成果质量	20	
	规范掌握	10	
合计		100	

实训2 桩基础施工方案编制实训

【实训背景】

桩基础由基桩和连接于桩顶的承台共同组成。若桩身全部埋于土中,承台底面与土体接触,则称为低承台桩基;若桩身上部露出地面而承台底位于地面以上,则称为高承台桩基。建筑桩基通常为低承台桩基础。高层建筑中,桩基础应用广泛。

【实训目的】

1 能力目标

(1)能根据工程项目的实际情况,结合项目部的特点,开展桩基础施工技术交底。
(2)能根据施工现场的实际情况,对桩基础施工的方案进行制订。

2 知识要点

预制桩、灌注桩、施工工艺、质量标准、安全技术要求。

【实训任务】

以小组为单位,根据桩位平面布置图和基础平面布置图进行桩基础的施工方案的制订。

【实训类型】

方案设计与制订。

【实训安排】

1 地点

建筑施工实训基地内业工作室。

2 时间与组织

计划 8 ~10 人一个实训小组,分为 4 ~5 组,表 4-39 为实训工程中的时间分配表。

3 材料机具

实训资料:任务书、指导书、相关教材、规范、规程。
实训工具:计算器、笔、纸。

表 4-39 时间分配表

步骤	完成内容	所需时间	备注
1	布置任务，熟悉资料	2 小时	熟悉实训资料和教材
2	教师讲解	2 小时	
3	编制桩基础施工方案	8 小时	巡视指导
4	提交实训成果	2 小时	
5	交流、讨论、总结、提高	2 小时	成果交老师评阅
合计		2 天	

【实训步骤】

1 实训准备

1.1 复习基础的类型及其各自特点

(1)浅基础施工:条形基础、杯形基础、筏式基础。

(2)深基础施工:预制桩基础、灌注桩基础。

1.2 复习桩基础所需的施工设备及其施工方法

1.2.1 预制桩

(1)锤击桩——落锤、柴油锤、蒸汽锤、液压锤等。

(2)静力压桩——机械式、液压式等。

(3)振动桩——振动锤。

(4)水冲法——高压水流。

1.2.2 灌注桩

(1)钻孔灌注桩——钻机成孔。

(2)套管成孔灌注桩——钢套管锤击或振动成孔。

(3)人工挖孔灌注桩——人工成孔。

2 基础施工方案制订

2.1 施工准备

2.1.1 作业条件

(1)定位、角桩、轴线控制桩。

(2)放样，对桩位进行三点式探桩。

(3)打桩场地的准备。

(4)组织机具、人员按场地布置进场到位。

(5)打试桩。

(6)打桩路线的制定。

2.1.2 材料要求

(1)预制钢筋混凝土桩。

(2)焊条(接桩用)。

(3)钢板(接桩用)。

2.1.3 施工机具

(1)机具的选择和准备。

(2)动力设备的配备。

2.2 操作工艺

桩机就位→起吊预制桩→稳桩→打桩→接桩→送桩→中间检查验收→移桩机至下一桩位。

2.3 质量控制

(1)混凝土预制桩钢筋骨架质量标准。

(2)钢筋混凝土预制桩质量检验标准。

(3)打(压)入钢筋混凝土预制桩的校位偏差。

【实训成果】

某工程桩基础施工方案。

【技术要求】

技术文件编制应达到的技术要求是:

(1)编制的文件内容应满足实用性。

(2)技术措施,工艺方法、数据计算正确合理。

(3)语言文字简洁,技术术语引用规范、准确。

(4)基本内容及格式符合规范、标准的要求。

【考核评价】

桩基础施工方案编制实训成绩评定表见表4-40。

表4-40 桩基础施工方案编制实训成绩评定表

考核评定方式	评定内容	分值	学生得分
小组自评	工作态度	10	
	计算书准确性	10	
	设计说明完整性	10	
	进度	10	
小组互评	成果质量	10	
教师评定	考勤	10	
	进度	10	
	成果质量	20	
	规范掌握	10	
合计		100	

实训3　剪力墙(暗柱)的钢筋、模板工程施工实训

【实训背景】

剪力墙结构是用钢筋混凝土墙板来代替框架结构中的梁柱,能承担各类荷载引起的内力,并能有效控制结构的水平力,这种用钢筋混凝土墙板来承受竖向和水平力的结构称为剪力墙结构。这种结构在高层房屋中被大量运用。

【实训目的】

1　能力目标

(1)能根据施工图纸和施工实际条件,进行模板配板设计。
(2)能根据施工图纸和施工实际条件,查找资料和完成施工中遇到的一些必要计算。
(3)能根据施工图纸和施工实际条件,编写模板工程施工技术交底。
(4)能根据建筑工程质量验收方法及验收规范进行模板工程的质量检验。
(5)能看懂复杂的钢筋混凝土结构施工图。
(6)掌握钢筋的下料长度的计算方法。
(7)掌握钢筋除锈、调直、切断等技术要求。
(8)掌握各种钢筋混凝土结构中的配筋和绑扎基本要求。
(9)掌握钢筋工程质量的检验及评定方法。

2　知识要点

钢筋混凝土结构施工图,识读钢筋混凝土施工图,钢筋的下料、加工、弯曲成型、安装、质量检查与评定;模板的放线、配板、安装、质量检查与评定。

【实训任务】

某三层剪力墙结构 Q1 配筋如图 4-27 所示,混凝土强度等级为 C30,墙、柱保护层厚度均为 20 mm,层高均为 1.200 m,纵筋采用绑扎搭接,墙下筋外露 650 mm,搭接长度 650 mm。按最新规范和《混凝土结构施工图》(11G101—01)要求设计和施工。根据给定信息完成 D 轴线 Q1 施工。

【实训安排】

1　地点

建筑施工实训基地。

2　时间与组织

计划 8 ~ 10 人一个实训小组,分为 4 ~ 5 组。表 4-41 为实训工程中的时间分配表。

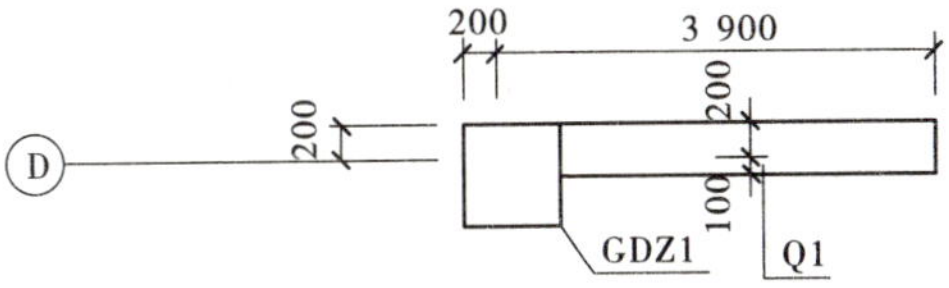

截面	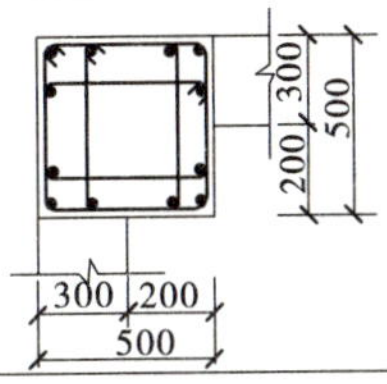
编号	GDZ1
标高	±0.000~3.600
纵筋	12⌀16
箍筋	ϕ8@100

墙号	墙厚	排数	水平分布筋	垂直分布筋	拉筋
Q1	300	2	ϕ10@200	ϕ10@200	ϕ6@600

图 4-27 剪力墙配筋图

3 材料机具

实训资料:实训图纸、任务书、指导书、相关教材、规范、规程。

实训工具:钢筋切断机、钢筋加工台、钢筋弯箍机、扎钩、卷尺。

表 4-41 时间分配表

步骤	完成内容	所需时间	备注
1	布置任务,熟悉资料	1 小时	熟悉实训资料和教材
2	教师讲解	1 小时	
3	动手操作	1 天	巡视指导
4	提交实训成果	2 小时	
5	交流、讨论、总结、提高	2 小时	成果交老师评阅
合计		2 天	

【实训类型】

实践操作、观看录像、实训基地现场参观、填写资料。

【实训步骤】

1 识图

Q1 厚度为 300 mm,宽为 3 900 - 300 = 3 600(mm),层高为 1.200 m;墙横、竖筋均为 ϕ10@200,拉筋为 ϕ6@600。各部位尺寸如图 4-27 所示。

2　钢筋配料单编制

钢筋配料单如表 4-42 所示。

表 4-42　钢筋配料单

构件编号	钢筋编号	简图	钢号	直径（mm）	下料长度（mm）	根数	合计长度（m）	质量（kg）
Q1	1	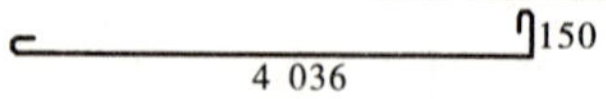						
	2	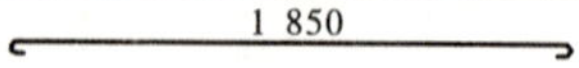						
	3	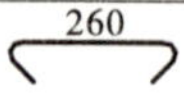						
合计								

3　钢筋下料

3.1　所需工具、设备/每组

所需工具、设备如表 4-43 所示。

表 4-43　所需工具、设备

序号	设备/工具名称	数量（台/套）
1	钢筋切断机	
2	钢筋加工台	
3	钢筋弯箍机	
4	扎钩	
5	卷尺	
6	安全帽、工作服、手套每人一套	
7	扎丝、钢筋若干	

3.2　钢筋下料

在实训指导教师的指导下，按照相关仪器、设备操作规程对钢筋进行下料，按《钢筋配料单》所计算的长度进行下料，要求钢筋钢号、直径和根数要准确无误，钢筋下料后按规格、直径、长度分类摆放。

4　加工要求

箍筋弯钩的弯折角度应为 135°，箍筋弯钩平直部分为 80 mm，钢筋各部平直部分尺寸应按配料单中图 4-29 所示加工，尺寸允许偏差应符合表 4-44 规定。

表 4-44 钢筋尺寸允许偏差

项目	允许偏差(mm)
受力钢筋顺长度方向全长的净尺寸	±10
弯起钢筋的弯折位置	±20
箍筋内净尺寸	±5

5 墙钢筋绑扎安装

5.1 纵向钢筋搭接绑扎

本工程墙纵向钢筋采用搭接,搭接长度为 400 mm。

5.2 横向钢筋绑扎

横向钢筋应布设于纵筋外侧,间距应符合设计要求,相邻两个绑扎点扎丝应互成八字。

5.3 拉筋绑扎

拉筋间距为 600 mm 一个,双向布设,斜钩钩住纵筋,见图 4-28。

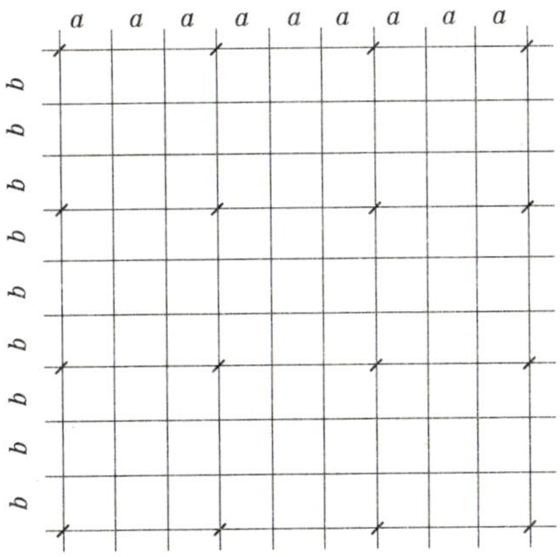

图 4-28 拉筋@3a3b 双向($a\leq200$、$b\leq200$)

6 钢筋安装质量验收

钢筋质量验收应按照 GB 50204 相关规定进行,并填写《钢筋安装工程检验批质量验收记录表》。

【实训成果】

(1)实作成果;

(2)施工技术交底文件;

(3)钢筋工程、模板工程检验批质量验收记录表。

【技术要求】

1 资料要求

(1)编制的文件内容应满足实用性。
(2)技术措施、工艺方法正确合理。
(3)语言文字简洁,技术术语引用规范、准确。
(4)基本内容及格式符合规范、标准的要求。

2 实作要求

(1)严格按照指导教师的要求,及时完成各项任务。
(2)注意实训过程的安全,进场学生必须佩戴安全帽。
(3)注意实训设备、工具的安全使用,及时归还所领工具。
(4)严禁在无任何安全措施的条件下从事实训作业。
(5)各小组实训完毕务必做到任务完场地清。

3 钢筋加工质量标准

3.1 主控项目

(1)应按现行国家标准规定,抽取试件作力学性能检验;检查产品合格证、出厂检验报告和进场复验报告。

(2)有抗震要求的框架结构纵向受力钢筋的强度,当设计无具体要求时,对一、二级抗震等级应符合下列规定:

①钢筋抗拉强度实测值与屈服强度实测值的比值不应小于1.25。

②钢筋屈服强度实测值与强度标准值的比值不大于1.3,检查进场复验报告。

(3)当钢筋发生脆断、焊接性能不良或力学性能显著不正常时,应对该批钢筋进行化学成分检验或其他专项检验。检查化学成分等专项检验报告。

(4)受力钢筋的弯钩和弯折应符合下列规定:

①HPB235级钢筋末端应做180°弯钩,其弯弧内直径不应小于钢筋直径的2.5倍,弯钩的弯后平直部分长度不应小于钢筋直径的3倍。

②135°弯钩,HRB335级、HRB400级钢筋的弯弧内直径不应小于钢筋直径的4倍,弯钩的弯后平直部分长度应符合设计要求。

③不大于90°的弯折时,弯折处的弯弧内直径不应小于钢筋直径的5倍。钢尺检查。

(5)除焊接封闭环式箍筋外,箍筋的末端应做弯钩,弯钩形式应符合设计要求;当设计无要求时,应符合下列规定:

①弯弧内直径满足第(4)条的要求,尚应不小于受力钢筋直径。

②弯折角度:一般结构,不应小于90°;有抗震等要求的结构应为135°。

③弯后平直部分长度:对一般结构不小于箍筋直径的5倍;有抗震等要求的结构,不应小于箍筋直径的10倍。钢尺检查。

3.2 一般项目

(1)钢筋应平直、无损伤,表面不得有裂纹、油污、颗粒状或片状老锈。观察检查。

(2)钢筋调直采用冷拉法时,HPB235 级钢筋的冷拉率不宜大于 4%,HRB335 级、HRB400 级和 RRB400 级钢筋的冷拉率不宜大于 1%。观察及尺量检查。

(3)钢筋加工的形状尺寸应符合设计要求,偏差应符合表 4-45 的要求。尺量检查。

表 4-45 钢筋尺寸允许偏差

项目	允许偏差(mm)
受力钢筋顺长度方向全长的净尺寸	±10
弯起钢筋的弯折位置	±20
箍筋内净尺寸	±5

4 钢筋安装质量标准

4.1 主控项目

(1)纵向受力钢筋的连接方式应符合设计要求。观察检查。

(2)连接接头力学性能,按《钢筋机械连接通用技术规程》(JGJ 107)、《钢筋焊接及验收规程》(JGJ 18)的规定抽取钢筋连接接头、焊接接头试件作力学性能检验,其质量应符合规定。检查接头力学试验报告。

(3)钢筋安装时,受力钢筋的品种、级别、规格和数量符合设计要求。观察和尺量检查。

4.2 一般项目

(1)钢筋接头宜设置在受力较小处。同一纵向受力钢筋不宜设置两个或两个以上的接头,接头末端至钢筋弯起点的距离不少于钢筋直径的 10 倍。观察和尺量检查。

(2)机械连接、焊接接头的外观质量应符合《钢筋机械连接通用技术规程》(JGJ 107)、《钢筋焊接及验收规程》(JGJ 18)的规定。观察检查。

(3)设置在同一构件内的受力钢筋接头宜相互错开,其同一级内纵向受力钢筋的接头面积百分率应符合设计要求,当设计无要求时,应符合以下规定:

①在受拉区不宜大于 50%。

②接头不宜设置在有抗震设防要求的框架梁端、柱端的箍筋加密区;当无法避开时,对等强度高质量机械连接接头,不应大于 50%。

③直接承受动力荷载的结构构件中,不宜采用焊接接头;当采用机械连接接头时,不应大于 50%。

(4)同一构件中相邻纵向受力钢筋绑扎接头宜相互错开,绑扎接头中钢筋的横向净距不应小于钢筋直径,且不应小于 25 mm。同一连接区段内有搭接接头的纵向受力钢筋接头面积百分率应符合设计要求,当设计无要求时,应符合以下规定:

①对梁类、板类及墙类构件,不宜大于25%。

②对柱类构件,不宜大于50%。

③当工程中的确有必要增大接头面积百分率时,对梁类构件,不应大于50%;对其他构件,可根据实际情况放宽。观察尺量检查。

④纵向受力钢筋绑扎搭接接头的最小搭接长度应符合《混凝土结构工程施工质量验收规范》附录B的规定。

(5)在梁柱构件的纵向受力钢筋搭接区内应按设计要求配置箍筋,当设计无要求时应符合以下规定:

①箍筋直径不应小于搭接钢筋较大直径的0.25倍。

②受拉搭接区段的箍筋间距不应大于搭接钢筋较小直径的5倍,且不应大于100 mm。

③受压搭接区段的箍筋间距不应大于搭接钢筋较小直径的10倍,且不应大于200 mm。

④当柱中纵向受力钢筋直径大于25 mm时,应在搭接接头两个端面外100 mm范围内各设置两个箍筋,其间距宜为50 mm。尺量检查。

(6)钢筋安装位置允许偏差。尺量检查。

5 模板工程质量标准

5.1 主控项目

(1)当楼层模板不仅承受本层施工荷载,而同时承受后继施工的上层荷载时,其上下层支架的立柱应对准,并铺设垫板。

(2)在涂刷模板隔离剂时,不得沾污钢筋和混凝土接槎处。

5.2 一般项目

(1)模板安装应满足下列要求:

①模板接缝不应漏浆。

②模板与混凝土接触面应清理干净并涂刷隔离剂,但不得采用影响结构性能或防碍装饰工程施工隔离剂;楼板、梁模一律刷水性隔离剂,刷后要防雨,不要浇水。

③浇筑混凝土前,模板内的杂物应清理干净。

④对清水混凝土工程和装饰混凝土工程,应使用能达到设计效果的模板。

(2)对跨度不小于4 m的现浇混凝土梁、板,其模板按设计要求起拱。如无设计要求时,起拱高度钢支撑宜为全跨度的1/1 000~1.5/1 000,木支撑宜为全跨度的2/1 000~3/1 000。

(3)固定在模板上的预埋件、预留孔洞均不得遗漏,且应安装牢固,其偏差应符合表4-46的规定。

表4-46　预埋件和预留孔洞的允许偏差及检验方法

项目		允许偏差(mm)	检查方法
预埋钢板中心线位置		3	拉线和尺量检查
预埋管、预留孔中心线位置		3	拉线和尺量检查
插筋	中心线位置	5	拉线和尺量检查
	外露长度	+10,0	尺量检查
预埋螺栓	中心线位置	2	拉线和尺量检查
	外露长度	+10,0	尺量检查
预留洞	中心线位置	10	拉线和尺量检查
	尺寸	+10,0	尺量检查

注:检查中心线位置时,应沿纵、横两个方向量取,并取其中的较大值。

(4)现浇结构模板安装的偏差应符合表4-47允许偏差。

表4-47　现浇结构模板安装的允许偏差及检验方法

项目		允许偏差(mm)	检查方法
轴线位置		5	钢尺检查
底模上表面标高		±5	水准仪或拉线、钢尺检查
截面内部尺寸	基础	±10	钢尺检查
	柱、墙、梁	+4,-5	钢尺检查
层高垂直度	不大于5 m	6	经纬仪或吊线、钢尺检查
	大于5 m	8	经纬仪或吊线、钢尺检查
相邻两板表面高低差		2	钢尺检查
表面平整度		5	2 m靠尺和塞尺检查

【考核评价】

该项目考核评价标准如表4-48所示。

表4-48　剪力墙(暗柱)的钢筋、模板工程施工实训成绩评定表

学号:　　　　　　　　　　　　姓名:

项目	内容	比例(%)	得分
操作技能	动作要领	40	
质量验收	成果质量	20	
心智技能	现场回答问题	10	
	实训资料记录	10	

续表 4-48

项目	内容	比例(%)	得分
工作态度	工作态度	5	
	考勤情况	5	
	安全卫生	5	
	团队协作	5	
合计		100	

本项目实训拓展与提高

在今后的教学与实践环节中,可根据院校的实际条件和教学需要,拓展实训范围,酌情增加拓展性、提高性的实训项目。例如本项目的拓展性实训项目有:

(1)土钉墙支护施工方案编制实训。

(2)排桩支护施工方案编制实训。

(3)高层建筑地下连续墙技术施工方案编制实训。

(4)高层建筑专项安全施工方案及应急救援实训。

(5)预应力混凝土技术实训。

本项目实训小结

(1)巩固基础理论,提高实践技能。

通过本项目实训,使学生掌握剪力墙结构工程的综合施工内容,包括剪力墙识图、深基坑支护、桩基础施工、剪力墙钢筋模板施工等一系列的工艺内容,加深基础理论学习,增强实践动手操作技能。

(2)调动学生积极性,改变传统教学模式,提高教学效果。

通过实训,使学生由原先坐在教室里听课被动的教学模式,变为积极参与的主人翁,充分调动学生的主观能动性,开发学生潜能,提高综合能力。

(3)以就业为导向,和企业实际接轨。

在和企业专家充分调研的基础上,开发的实训项目均具有典型性、代表性。充分体现了实际岗位的需要和学生应具备的能力。通过这些项目的实训,很好地使学生了解现代企业的经营模式,掌握最实用的施工工艺,具备胜任当代企业工作岗位的能力。

实训项目四　某钢结构施工实习

本项目实训导言

钢结构是以钢材制作为主的结构,是主要的建筑结构类型之一。钢结构是现代建筑工程中较普遍的结构形式之一。我国是最早用铁制造承重结构的国家,远在秦始皇时代

(公元前246~前219年),就已经用铁做简单的承重结构，而西方国家在17世纪才开始使用金属承重结构。公元3~6世纪,聪明勤劳的我国人民就用铁链修建铁索悬桥,著名的四川泸定大渡河铁索桥、云南的元江桥和贵州的盘江桥等都是我国早期铁体承重结构的例子。

钢结构施工实习任务分解见表4-49。

表4-49 钢结构施工实习任务分解

序号	实训子任务	实训地点	实训类型	时间(天)
1	实训1 钢结构加工参观实习	实训基地	现场参观、观看录像	2
2	实训2 钢结构吊装方案编制	实训基地	技术文件编制	3
合计				5天(1周)

实训1 钢结构加工参观实习

【实训背景】

通过钢结构制作工厂的现场参观学习,在工程师的讲解下,对钢结构的制作工艺过程有一个详细的了解和认识。通过让学生观看钢结构H型柱的加工制作工艺录像及识读钢结构施工图,让学生在老师的引导、提示下,总结或复述录像中构件加工制作流程,加工过程中如何控制质量、质量检验等相关知识。

【实训目的】

1 能力目标

(1)掌握钢结构构件的加工制作流程。

(2)掌握钢结构构件常用的加工制作方法;理解钢结构构件加工制作的质量要求及保证质量的必要性。

2 知识要点

加工准备,生产场地布置,零件加工,成品的表面处理、油漆、堆放。

【实训任务】

由指导教师带队,参观某一钢结构加工工厂。观看钢结构加工制作录像。

【实训安排】

1 地点

钢结构加工工厂、建筑施工实训基地多媒体教室。

2 时间与组织

实训时间为2天,见表4-50。

表4-50 时间分配表

步骤	完成内容	所需时间	备注
1	工厂现场参观	1天	熟悉图纸
2	观看钢结构加工制作录像	1天	教师讲解
合计		2天	

3 实训资料

钢结构施工图纸、教材。

【实训类型】

现场参观、观摩录像。

【实训步骤】

1 参观实习

钢结构制作的特点是条件优、标准严、精度好、效率高。钢结构一般在工厂制作,因为工厂具有较为恒定的工作环境,有刚度大、平整度高的钢平台,精度较高的安装夹具及高效能的设备,施工条件比现场优越,易于保证质量,提高效率。

1.1 钢材的准备

(1)钢材材质的检验。钢材的材质必须有质量保障书(简称"质保单")。质保单应记载该批钢材的钢号、规格、数量、生产单位、日期、化学成分和力学性能。

(2)钢材外形的检验。钢板、型钢、圆钢、钢管的外形尺寸与理论尺寸的偏差必须在允许范围内。钢材表面不得有气泡、结疤、裂纹、褶皱、夹杂和压入的氧化铁皮。

(3)辅助材料的检验。应对螺栓、焊条、焊剂、焊丝等辅助材料的化学成分、力学性能及外观进行检验。

(4)堆放。检验合格的钢材应按品种、牌号、规格分类堆放,其底部应垫平、垫高,防止积水。钢材堆放不得造成地基下陷和钢材永久变形。

1.2 放样

放样是钢结构制作工艺中的第一道工序。放样精确才能避免以后各道加工工序的累积误差,保证整个工程的质量。

(1)放样台。放样台为木质板和钢质平台。木质板放样台应刷淡色无光漆，并应防火，钢质放样台应刷黏白粉或白油漆，这样使线条清晰，不致混乱。

(2)放样准备。放样前，应核对图纸各部尺寸。

(3)放样操作。根据施工图纸的具体要求，按照1:1的比例和基准画线及正投影的作图步骤，画出构件相互之间的尺寸及真实图形。产品放样经检查合格后，采用薄钢板、油毡纸或牛皮纸等材料，以实样尺寸为依据，制作出零件的样杆、样板。

(4)样板标注。样板制作出后，必须在上面注明图号、零件名称、件数、位置、材料牌号规格及加工符号等内容，以便使下料工作有序进行。

(5)加工余量。为了保证产品质量，防止由于下料不当造成废品，样板应注意预放加工余量。

1.3　下料(号料)

直接在钢板或型钢表面，画出构件形状的加工界线，采用剪切、冲裁、锯切、气割等制作的过程。准备好下料的各种工具。检查对照样板及计算好的尺寸是否符合图纸的要求。钢材有弯曲和凹凸不平时，应先矫正，以减小下料误差。

1.4　切割

(1)钢材的下料切割方法可根据具体要求和实际条件选用剪切下料、冲裁下料、气割下料等方法。

(2)切割后钢材不得有分层，断面上不得有裂纹，应清除切口处的毛刺、熔渣和飞溅物。

(3)钢材切割面应无裂纹、夹渣、分层和大于1 mm的缺棱。

1.5　矫正和成型

在钢结构的制作过程中，由于原材料变形、气割与剪切变形、焊接变形、运输变形等，影响构件的制作及安装质量。

(1)为避免钢材冷脆断裂(碳素结构钢在环境温度低于16 ℃，低合金钢在环境温度低于12 ℃时)，不得进行冷矫正和冷弯曲。当采用矫正时，不得超过900 ℃。

(2)型钢的矫正分为机械矫正、手工矫正和火焰矫正。

(3)型钢矫正时，首先确定弯曲点的位置(即找弯)。

1.6　边缘加工和制孔

(1)钢吊车梁翼缘板的边缘、钢柱脚和肩梁承压支撑、焊接对接口、焊接坡口的边缘、尺寸要求严格的加劲板一般均需边缘加工进行刨平、刨边或刨坡。

(2)制孔的方式有钻孔、冲孔、扩孔等方式。

2　观看钢结构加工制作录像

3　完成钢结构加工制作实习报告

【实训成果】

钢结构加工制作实习报告。

【技术要求】

(1)进入实习现场时,实习学生必须服从现场指导老师和实习现场管理人员的指挥,遵守施工和实习现场的规章制度,不得影响施工和实习现场正常的工作秩序。

(2)学生在认识实习期间,必须学习和掌握施工现场的安全知识,加强自身的安全防护,进入施工现场应戴好安全帽。要特别注意高空的安全,不得擅自启动任何电器开关,严格遵守操作规程,以防意外事故发生。

(3)认真听取现场实习指导老师和施工现场技术人员关于参观建筑工程的相关情况介绍,并做好记录,为书写实习报告收集资料。

(4)主动观察和了解施工及使用材料的情况等。

(5)学生应积极参与实习并认真思考老师预设的问题,最后以书面实习报告的形式记录自己的思考和感悟。

【实训考核】

该项目考核评价标准如表 4-51 所示。

表 4-51 钢结构加工参观实习成绩评定表

考核评定方式	评定内容	分值	学生得分
教师评定	考勤	20	
	进度	20	
	纪律要求	20	
	工作态度	20	
	成果质量	20	
合计		100	

实训 2 钢结构吊装方案编制

【实训背景】

建筑施工中,用起重机具将各种建筑结构的预制构件单件或经过拼装后的组合件或整体的屋盖、塔类结构等吊起,并安装到设计位置上的作业。

【实训目的】

1 能力目标

(1)能掌握结构构件的运输和堆放要求,钢筋混凝土屋架的拼装方法、步骤。

(2)能根据施工图纸和施工实际条件确定起重机的种类、开行路线及构件的平面布置。

(3)能根据施工图纸和施工现场实际条件有效地减少施工场地面积。

2 知识要点

构件的质量检查、弹线及编号方法;柱、吊车梁、连系梁、屋架、天窗架、屋面板等吊装工艺;分件吊装法和综合吊装法;起重机起重量、起重高度和起重半径的计算;结构构件现场布置。

【实训任务】

以小组为单位编制钢结构吊装施工方案。

【实训类型】

观看施工录像、计算书、编制技术方案。

【实训安排】

1 地点

建筑施工实训基地内业工作室。

2 时间

实训时间为3天,见表4-52。

表4-52 实训时间安排

步骤	实训内容	时间(天)	实训指导教师	指导方式
1	识读施工图、熟悉资料、观看录像	1	1人	现场答疑
2	编制钢结构施工方案	2	1人	巡视、指导
合计		3		

3 实训资料

施工图纸、教材等。

【实训步骤】

在拟订单层钢结构厂房结构安装方案时,应着重解决起重机的选择、结构安装方法、起重机的开行路线和构件的平面布置等问题。

(1)起重机的选择。

起重机的选择主要包括选择起重机的类型和型号,及起重臂长度的选择。

(2)结构安装方法。

单层工业厂房的结构安装方法有分件安装法和综合安装法两种。

(3)起重机开行路线及停机位置。

(4)构件排放布置及运输堆放。

【技术要求】

技术文件编制要求：

(1)编制的文件内容应满足实用性。

(2)技术措施、工艺方法正确合理。

(3)语言文字简洁，技术术语引用规范、准确。

(4)基本内容及格式符合标准、规范等的要求。

(5)严格实训时间要求，服从实训指导教师的指导。

【考核评价】

该项目考核评价标准见表4-53。

表4-53 钢结构吊装施工方案编制实训成绩评定表

考核评定方式	评定内容	分值	学生得分
自评	施工方案	10	
	现场平面图	10	
	施工技术交底	10	
	进度	10	
互评	成果质量	10	
教师评定	成果质量	10	
	考勤	10	
	进度	10	
	编制流程	10	
	规范掌握	10	
合计		100	

本项目实训拓展与提高

在今后的教学与实践环节中，可根据院校的实际条件和教学需要，拓展实训范围，酌情增加拓展性、提高性的实训项目。例如本项目的拓展性实训项目有：

(1)钢结构连接施工实训。

(2)钢结构涂装施工实训。

本项目实训小结

(1)巩固基础理论，提高实践技能。

通过本项目实训,使学生掌握钢结构工程的综合施工内容,包括钢结构识图、钢结构加工参观实习、钢结构吊装方案编制等一系列的内容,加深基础理论学习,增强实践动手操作技能。

(2)调动学生积极性,改变传统教学模式,提高教学效果。

通过实训,使学生由原先坐在教室里听课被动的教学模式,变为积极参与的主人翁,充分调动学生的主观能动性,开发学生潜能,提高综合能力。

(3)以就业为导向,和企业实际接轨。

在和企业专家充分调研的基础上,开发的实训项目均具有典型性、代表性。充分体现了实际岗位的需要和学生应具备的能力。通过这些项目的实训,很好地使学生了解现代企业的经营模式、掌握最实用的施工工艺,具备胜任当代企业工作岗位的能力。

实训项目五　设备安装工程综合实训

本项目实训导言

安装工程是指各种设备、装置的安装工程。通常包括电气、通风、给排水及设备安装等工作内容,工业设备及管道、电缆、照明线路等往往也涵盖在安装工程的范围内。简单地说,安装工程一般是介于土建工程和装潢工程之间的工作。设备安装工程是建筑物发挥使用功能的基础设施,且具有较强的综合性,故开展此项目实训非常必要。

设备安装工程实训任务分解见表4-54。

表4-54　设备安装工程实训任务分解

序号	实训子任务	实训地点	实训类型	时间(天)
1	实训1:给排水及采暖工程施工	建筑模型室	动手操作、技术文件编制	3
2	实训2:建筑电气工程施工	实训基地	动手操作、技术文件编制	2
合计				5天(1周)

实训1　给排水及采暖工程施工

【实训背景】

结合建筑施工实训基地的图纸文件和现有条件,建立以施工过程为导向的实训项目。建筑施工实训基地二、三楼为给水、排水、电气线路安装实训区,以提供该实训项目。

【实训目的】

1 能力目标

(1)掌握建筑给排水及采暖系统的组成及构造。
(2)掌握管道加工与安装的施工工艺、质量标准、安全要求。

2 知识要点

建筑给排水施工工艺、建筑采暖系统施工工艺。

【实训任务】

(1)编制建筑给排水及采暖系统施工方案。
(2)管道加工与安装。
(3)给排水及采暖设备安装与调试。
(4)建筑给排水及采暖系统分部分项工程质量验收。

【实训地点】

建筑施工实训基地、设备实训实验室。

【实训时间与组织】

管道施工实训时间安排见表4-55。

表4-55 管道施工实训时间安排

序号	实训内容	实训地点	时间(天)
1	编制建筑给排水及采暖系统施工方案	教室	1
2	管道加工与安装	实训中心	1
3	给排水及采暖设备安装与调试	实训中心	0.5
4	建筑给排水及采暖系统分部分项工程质量验收	实训中心	0.5
合计			3

【实训类型】

动手操作、技术文件编制。

【实训步骤】

1 编制建筑给排水及采暖系统施工方案

施工方案要有针对性,对施工的项目进行详细分析,对施工步骤进行科学的分解,使施工人员能够明白要做什么、要怎么做,使设备管理单位知道要做什么、需要如何配合,使各方面人员的施工意识达到统一,保证施工安全质量及效率。施工方案可参考以下目录编写:

(1)工程概况;

(2)施工准备;

(3)主要施工方法;

(4)设备的试运行;

(5)安装工程质量保证措施;

(6)质量验收标准。

2 管道加工与安装

(1)参观某在建工地、观看相关施工视频。

(2)卫生间给排水系统安装——按照图纸要求,安装卫生间给排水管道。

①给水系统安装工艺流程:

施工准备→支架安装→干管安装→立管安装 → 支管安装→管道试压→管道防腐和保温→管道冲洗和消毒→管道通水。

②排水系统安装工艺流程:

安装准备 → 排出管安装→支、吊架安装→立管安装→支管安装→封口堵洞→闭水试验→通水试验→通球试验。

(3)安装过程:

①实际安装所需要材料表。

②管道加工、连接、上架安装。

3 给排水及采暖设备安装与调试

3.1 建筑给排水设备安装

(1)水泵安装与调试。

(2)水箱安装。

3.2 散热设备安装

(1)按照图纸要求,分组安装散热器。

(2)散热安装工艺流程:编制组片统计表→散热器组对→外拉条预制、安装→散热器单组水压试验→散热器安装→散热器冷风门安装→支管安装→系统试压→刷漆。

(3)安装过程:

①统计实际安装所需要材料表。

②散热器组对试压。试压要求:试验压力为0.4 MPa。

③散热器与管道安装。

3.3 空调设备安装与调试

(1)空调机组安装与调试。

(2)制冷机组安装与调试。

4　建筑给排水及采暖系统分部分项工程质量验收

4.1　外观质量检查

通过观察检查管道螺纹连接、法兰连接、焊接连接等情况是否符合施工要求。用水准仪(水平尺)拉线和尺量检查管道坡度、允许偏差范围是否符合设计要求。通过观察或用手扳检查管道支(吊、托)架、阀门安装、管道及设备防腐和保温做法等是否符合施工质量要求。

4.2　给水及采暖系统水压试验

建筑给水及采暖系统安装完成后必须进行水压试验,埋地的引入管、水平干管必须在隐蔽前进行水压试验,试验合格并验收后方可隐蔽。管道水压试验的步骤如下:

(1)首先检查整个管路中的所有控制阀门是否打开,与其他管网及不能参与试压的设备是否隔开。

(2)将试压泵、阀门、压力表、进水管等接在管路上,打开阀门向管中充水,同时,在管网的最高点排气,待排气阀中出水时关闭排气阀和进水阀,启动手动水泵或电动试压泵加压。

(3)压力升高到一定数值时,应停下来对管道进行检查,无问题时再继续加压,一般分2~3次达到试验压力,当压力达到试验压力时,停止加压,关闭阀门。管道在试验压力下保持10 min,如管道未发现泄漏现象,压力表指针下降不超过0.02 MPa,认为强度试验合格。

(4)把压力降至工作压力进行严密性试验。在工作压力下对管道进行全面检查,稳压24 h后,如压力表指针无下降,管道的焊缝及法兰连接处未发现渗漏现象,即可认为严密性试验合格。

(5)试验过程中如发生泄漏,不得带压修理。缺陷消除后,应重新试验。

(6)系统试验合格后,填写《管道系统试验记录》。

4.3　排水系统灌水和通球试验

(1)通球灌水试验。

室内排水系统安装完后,要进行通球、灌水试验,通球用胶球按管道直径选用。

通球前,必须作通水试验,试验程序为由上而下进行,以不堵为合格。胶球应从排水立管顶端投入,并注入一定水量于管内,使球能顺利流出为合格。

隐蔽或埋地的排水管道在隐蔽前必须作灌水试验,其灌水高度应不低于底层卫生器具的上边缘或底层地面高度。

灌水试验时,先把各卫生器具的口堵塞,然后把排水管道灌满水,满水15 min水面下降后,再灌满观察5 min,液面不降,管道及接口无渗漏为合格。

(2)闭水试验。

排水管道安装后,按规定要求必须进行闭水试验。凡属隐蔽暗装管道必须按分项工序进行。卫生洁具及设备安装后,必须进行通水通球试验。且应在油漆粉刷最后一道工序前进行。

【实训成果】

(1)建筑给排水及采暖系统施工方案一份。

(2)实训过程中所填写的工程资料。外出实习的学生的工程资料不需工地工作人员签字、盖章,但内容必须真实、准确。

(3)实训报告。

实训结束后,撰写实训总结报告。实训总结报告统一按附页格式要求用A4纸打印,字数不少于2 000字。要求实训总结报告内容简明扼要,文字通顺,图示清楚。主要从工程概况、实训内容、收获及体会等方面来进行描述。实训报告将作为评定成绩的主要依据。

【实训考核】

安装工程考核标准

为检查学生设备安装工程的实训情况,特制定以下考核标准。

1 考核目的

为了检查学生对安装工程的实训情况,使学生掌握安装工程的施工工艺、施工过程以及对安装工程的检验验收标准,从而达到理论和实践的相统一。

2 考核内容

施工图的识读;安装工程(包括电气及设备)施工方案的编制;管道及室内布线施工;管道及电气设备的安装及调试;安装分部分项工程的质量验收。

3 评分标准

3.1 出勤情况、工程资料的填写质量(占15分)

可以根据考核表及资料填写的完整、准确及工整等情况予以考核。

3.2 项目的实施过程考核(占55分)

(1)能够正确识读施工图,加5分;

(2)正确编制安装工程(电气及设备)施工方案,加10分;

(3)正确进行给排水设备及室内布线施工,加15分;

(4)正确进行给排水管道及电气设备的安装、调试,加15分;

(5)安装工程的质量验收内容完整、方法准确,加10分。

以上各项内容可以根据学生的实际操作情况予以考核,但不能超过每个项目后边所给的分值。

3.3　**实训成果(占30分)**

按照综合实训总结报告的内容准确、完整程度、工整程度、书写是否认真等情况予以考核。

4　评比办法

项目的实施过程成绩按小组给出，然后由小组成员及指导教师共同给每个小组成员考核打分，其余两项按照各个学生的有关情况予以考核，三者相加即为学生的个人成绩。

实训2　建筑电气工程施工

【实训背景】

结合建筑施工实训基地的图纸文件和现有条件，建立以施工过程为导向的实训项目。建筑施工实训基地西二、三楼为给水、排水、电气线路安装实训区，以提供该实训项目。

【实训目的】

1　能力目标

(1)掌握电气系统的组成及构造。
(2)掌握室内布线施工安装的施工工艺、质量标准、安全要求。
(3)掌握电气设备安装与调试的施工工艺、质量标准、安全要求。

2　知识要点

室内布线施工安装的施工工艺、电气设备安装与调试的施工工艺。

【实训任务】

(1)编制电气系统施工方案。
(2)室内布线施工。
(3)电气设备安装与调试。
(4)建筑电气系统分部分项工程质量验收。

【实训安排】

建筑施工实训基地、设备实训实验室。

【实训时间与组织】

电气施工实训时间安排见表4-56。

表4-56 电气施工实训时间安排

序号	实训内容	实训地点	时间(天)
1	编制建筑电气系统施工方案	教室	0.5
2	室内布线施工	实训中心	0.5
3	电气设备安装与调试	实训中心	0.5
4	建筑电气系统分部分项工程质量验收	实训中心	0.5
合计			2

【实训类型】

动手操作、编写方案、观看录像、现场参观。

【实训步骤】

1 编制建筑电气系统施工方案

施工方案要有针对性，对施工的项目进行详细分析，对施工步骤进行科学的分解，使施工人员能够明白要做什么、要怎么做，使设备管理单位知道要做什么、需要如何配合，使各方面人员的施工意识达到统一，保证施工安全质量及效率。施工方案可参考以下目录编写：

(1)工程概况；
(2)施工准备；
(3)主要施工方法；
(4)设备的试运行；
(5)安装工程质量保证措施；
(6)质量验收标准。

2 室内布线施工

根据施工图统计实际安装所需要材料表，并进行室内线路布置。

2.1 电气配管

电气配管工艺流程：

施工准备→预制加工管煨弯→测定盒箱位置→固定盒、箱→管路连接→变形缝处理→接地处理根据需要完成室内线路布置。

2.2 管内穿线

管内穿线工艺流程：

施工准备→选择导线→穿拉线→清扫管路→放线及断线→导线与带线的绑扎→带护口→导线连接→导线焊接→导线包扎→线路检查。

3 电气设备安装与调试

3.1 配电箱接线安装

(1)配电箱安装工艺流程:

设备进程检验→弹线定位→固定安装配电箱→盘面组装→箱体定位→绝缘遥测。

(2)实训内容:

①统计实际安装所需要材料表。

②进行配电箱接线安装。

3.2 室内照明装置安装

(1)施工工艺流程:清理→接线→安装。

(2)实训内容:完成各种灯具、开关、插座等的安装。

3.3 成套配电装置的安装

了解配电装置的安装要求,熟悉配电装置的安装方法和工艺。

4 建筑电气系统分部分项工程质量验收

4.1 直观检查

用简单工具,如线坠、直尺、水平尺、钢卷尺、塞尺、力矩扳手、扳手、试电笔等进行实测及用眼看、手摸、耳听等方法进行检查。一般电气管线、配电柜、箱的垂直度和水平度,母线的连接状态等项目,通常采用这种检查方式。

4.2 仪器测试

使用专用的测试设备、仪器进行检查。线路绝缘检查、接地电阻测定、电气设备耐压试验、硬母线焊接缝抗拉强度试验等,均采用这种检验方式。

【实训成果】

(1)建筑电气系统施工方案一份。

(2)实训过程中所填写的工程资料。外出实习的学生的工程资料不需工地工作人员签字、盖章,但内容必须真实、准确。

(3)实训报告。

实训结束后,撰写好实训总结报告。实训总结报告统一按附页格式要求用A4纸打印,字数不少于2 000字。要求实训总结报告内容简明扼要,文字通顺,图示清楚。主要从工程概况、实训内容、收获及体会等方面来进行描述。实训报告将作为评定成绩的主要依据。

【实训考核】

安装工程考核标准

为检查学生建筑电气工程的实训情况，特制定以下考核标准。

1 考核目的

为了检查学生对建筑电气工程的实训情况，使学生掌握建筑电气工程的施工工艺、施工过程以及对建筑电气工程的检验验收标准，从而达到理论和实践的相统一。

2 考核内容

施工图的识读；安装工程（包括电气及设备）施工方案的编制；管道及室内布线施工；管道及电气设备的安装及调试；安装分部分项工程的质量验收。

3 评分标准

3.1 出勤情况、工程资料的填写质量（占15分）

可以根据考核表及资料填写的完整、准确及工整等情况予以考核。

3.2 项目的实施过程考核（占55分）

(1)能够正确识读施工图，加5分；

(2)正确编制安装工程（电气及设备）施工方案，加10分；

(3)正确进行给排水设备及室内布线施工，加15分；

(4)正确进行给排水管道及电气设备的安装、调试，加15分；

(5)安装工程的质量验收内容完整、方法准确，加10分。

以上各项内容可以根据学生的实际操作情况予以考核，但不能超过每个项目后边所给的分值。

3.3 实训成果（占30分）

按照综合实训总结报告的内容准确、完整程度、工整程度、书写是否认真等情况予以考核。

4 评比办法

项目的实施过程成绩按小组给出，然后由小组成员及指导教师共同给每个小组成员考核打分，其余两项按照各个学生的有关情况予以考核，三者相加即为学生的个人成绩。

本项目实训小结

(1)巩固基础理论，提高实践技能。

通过本项目实训使学生掌握设备安装工程的综合施工内容，加深基础理论学习，增强实践动手操作技能。

(2)调动学生积极性,改变传统教学模式,提高教学效果。

通过实训,使学生由原先坐在教室里听课被动的教学模式,变为积极参与的主人翁,充分调动学生的主观能动性,开发学生潜能,提高综合能力。

(3)以就业为导向,和企业实际接轨。

在和企业专家充分调研的基础上,开发的实训项目均具有典型性、代表性。充分体现了实际岗位的需要和学生应具备的能力。通过这些项目的实训,很好地使学生了解现代企业的经营模式、掌握最实用的施工工艺,具备胜任当代企业工作岗位的能力。

实训项目六　装饰工程综合实训

本项目实训导言

装饰工程是指房屋建筑施工中包括抹灰、油漆、刷浆、玻璃、裱糊、饰面、罩面板和花饰等工艺的工程,它是房屋建筑施工的最后一个施工过程,其具体内容包括内外墙面和顶棚的抹灰,内外墙饰面和镶面,楼地面的饰面,房屋立面花饰的安装,门窗等木制品和金属品的油漆、刷浆等。

装饰工程的作用有:

(1)满足使用功能的要求,任何空间的最终目的都是用来完成一定的功能。装饰工程的作用是根据功能的要求对现有的建筑空间进行适当的调整,以便建筑空间能更好地为功能服务。

(2)满足人们对审美的要求。

人除了对空间有功能的要求外,还对空间的美有要求,这种要求随着社会的发展而迅速地提升。这就要求装饰工程完成以后,不但要满足使用功能的要求,还要满足使用者的审美要求。

(3)保护建筑结构。

装饰工程不但不能破坏原有的建筑结构,而且还要对建筑过程中没有进行很好保护的部位进行补充的保护处理。自然因素的影响,如水泥制品会因大气的作用变得疏松,钢材会因氧化而锈蚀,竹木会受微生物的侵蚀而腐朽。人为因素的影响,如在使用过程中由于碰撞、磨损及水、火、酸、碱的作用也会使建筑结构受到破坏。装饰工程采用现代装饰材料及科学合理的施工工艺,对建筑结构进行有效的包覆施工,使其免受风吹雨打、湿气侵袭、有害介质的腐蚀及机械作用的伤害等,从而起到保护建筑结构,增强耐久性,延长建筑物使用寿命的作用。

装饰工程综合实训任务分解见表4-57。

表4-57 装饰工程综合实训任务分解

序号	实训子任务	实训地点	实训类型	时间(天)
1	实训1 地面砖铺贴实训	实训基地	动手操作	3
2	实训2 吊顶工程施工方案编制实训	实训基地	技术文件编制	2
合计				5天(1周)

实训1 地面砖铺贴实训

【实训背景】

在建筑中,人们在楼地面上从事各项活动,安排各种家具和设备,地面要经受各种侵蚀、摩擦和冲击作用,因此要求地面有足够的强度和耐腐蚀性。地面作为地坪或楼面的表面层,首先要起保护作用,使地坪或楼面坚固耐久。按照不同功能的使用要求,地面应具有耐磨、防水防滑、易于清扫等特点。在高级房间还要有一定的隔声吸音功能及弹性、保温和阻燃性等。

【实训目的】

1 能力目标

(1)能根据施工图纸,应用施工工具,遵守操作规程,完成地面砖铺贴任务。

(2)能进行地面砖铺贴工程的质量检验。

2 知识要点

地面砖铺贴施工工艺,质量标准,安装工具和设备。

【实训任务】

以小组为单位对框架结构三层地面进行地面砖铺贴。

【实训类型】

动手操作、质量验收评定表填写。

【实训安排】

1 地点

建筑施工实训基地装饰工程实训区,或由指导教师根据实际情况给定长为2 m、宽为

1.5 m、地面面积为 3 m^2的场地。

2 时间

实训时间为 3 天，见表 4-58。

表 4-58 实训时间安排

步骤	实训内容	时间(天)	实训指导教师	指导方式
1	识读施工图、熟悉资料、观看录像	1	1 人	现场答疑
2	动手操作	2	1 人	巡视、指导
合计		3		

3 材料机具

施工图纸、铲刀、水平尺、橡皮锤、卷尺等。

【实训步骤】

1 操作准备

1.1 材料准备

地砖、踢脚线、石灰膏、中粗砂、水等。

1.2 人员准备

2 人一个小组，一人为大工、一人为小工，工作期间交换角色。

1.3 操作准备

(1)墙柱饰面、天棚(天花板)粉刷吊顶施工完毕。

(2)门框、各种管线和埋件安装完毕，并经检验合格。

(3)楼地面各种孔洞、缝隙应事先用细石混凝土灌填密实(细小缝隙可浇水泥砂浆灌填)，并经检查无渗漏现象。

(4)弹好标高基准墨线和各开间中心(十字线)及拼花分隔线。

(5)釉面砖、水泥花阶砖在铺贴前应浸透、晾干备用。

2 操作过程

2.1 抹结合层

(1)根据标高基准水平线，打灰饼及用压尺做好冲筋。

(2)浇水湿润基层，再刷水灰比为 0.5 的素水泥浆。

(3)根据冲筋厚度，用 1∶3的干硬性水泥砂浆(以手握成团不沁水为准)抹铺结合层。结合层应用压尺及木抹子压平打实(抹铺结合层时，基层应保持湿润，已刷素水泥浆不得有风干现象，结合层抹好后，以人站上面只有轻微脚印而无凹陷为准)。

(4)对照中心线(十字线)在结合层面上弹饰面块料控制线(靠墙一行饰面块料与墙边距离应保持一致,一般纵横每5块面料设置一根控制线)。

2.2 釉面砖地砖铺贴

(1)根据控制线,先铺贴好左右靠边基准行的块料。以后根据基准行由内向外挂线逐行铺贴。

(2)用水泥膏(2~3 mm厚)满涂块料背面,对准挂线及缝子,将块料铺贴上,用木锤适度用力敲击至平正。

(3)挤出的水泥膏及时清理干净(缝子经砖面凹1 mm为宜)。

2.3 灌缝

待粘贴水泥膏凝固后,用白水泥、颜料(色泽根据面料颜色调配)填平缝子(过大的缝子要拌细砂填灌),用锯末、棉丝将表面擦干净至不留残灰为止。

3 质量评定

安装完毕后,各小组依据地砖安装质量评定验收规范进行自评、互评。

4 场地清理

各小组将地砖拆除、洗净,按规定堆放至料场。

【实训成果】

地砖铺贴实作成果、地砖铺贴质量验收评定表。

【技术要求】

1 操作注意事项

1.1 避免工程质量通病

(1)面料与基层空鼓。主要是由于基层没清理干净或不够湿润;结合层完成后放置时间过久,铺贴时没有洒水湿润;釉面砖、水泥花阶砖铺贴前没有浸水润湿;陶瓷锦砖铺贴前没有用毛刷沾水刷去表面尘土;水泥膏抹涂不均匀等。

(2)错缝。面料尺寸规格不一,事前没有认真挑选分类使用,铺贴时没有认真按照挂线对缝。

(3)相邻两板高低不平。由于块料本身不平正,铺贴操作不当,铺贴后过早上人行走或堆放物品。

1.2 安全技术措施

(1)清理地面时,不得从窗口、阳台、预留洞口等处往下抛掷淤泥杂物。

(2)使用手提电动锯前,要经试运转合格,确保安全有效再使用。

1.3 成品保护

(1)调整、擦缝的操作人员,要穿软底鞋,踩踏面料时要垫上平整木板。

(2)完成后的地面,两天内不能使用,表面要覆盖保护(可撒锯末)。

(3)运料具时,不要碰坏墙柱饰面、栏杆及门框等前期成品。

(4)施工时不得碰撞各种水电管线及埋件。

(5)如有污染墙柱面、门窗、立线管线及设备等,应及时清理干净。

2 质量标准

地砖铺贴安装必须符合设计要求,并符合《建筑地面工程施工质量验收规范》(GB 50209—2002)、《建筑装饰装修工程质量验收规范》(GB 50210—2001)、《住宅装饰装修工程施工规范》(GB 50327—2001)等规定。

2.1 主控项目

(1)地砖面层所用板块的品牌、质量应符合设计要求。

(2)地砖面层与下一层应结合牢固,无空鼓。

2.2 一般项目

(1)地砖面层的表面应洁净、平整,无磨痕,且应图案清晰、色泽一致、接缝均匀、周边顺直、镶嵌正确,板块无裂纹、掉角、缺楞等缺陷。

(2)地砖面层表面的坡度应符合设计要求,不倒泛水、无积水;与地漏、管道结合处应严密牢固,无渗漏。

(3)地砖面层的允许偏差应符合表4-59规定。

表4-59 地砖面层的允许偏差

项次	项目	允许偏差(mm)		检验方法
		石材	碎拼	
1	表面平整度	1.0	3.0	2 m靠尺和楔形塞尺检查
2	缝格平直	2.0		拉5 m线和钢尺检查
3	接缝高低差	0.5		用钢尺和楔形塞尺检查
4	踢脚线上口平直	1.0	1.0	拉5 m线和钢尺检查
5	板块间隙宽度	1.0		用钢尺检查

【考核评价】

该项目考核评价标准如表4-60所示。

表 4-60　地砖铺贴实训成绩评定表

考核评定方式	评定内容	分值	得分
小组自评	团队协作	10	
	进度	10	
	成果质量	10	
小组互评	成果质量	10	
教师评定	考勤	10	
	进度	10	
	操作要领	20	
	成果质量	10	
	团队协作	10	
合计		100	

实训 2　吊顶工程施工方案编制实训

【实训背景】

吊顶是指房屋居住环境的顶部装修。简单地说，就是指天花板的装修，是室内装饰的重要部分之一。吊顶具有保温、隔热、隔声、吸声的作用，也是电气、通风空调、通信和防火、报警管线设备等工程的隐蔽层。

【实训目的】

1　能力目标

(1)能根据施工图纸，掌握吊顶安装工艺。
(2)能进行吊顶工程的质量检验，填写质量验收记录表。

2　知识要点

吊顶施工工艺，质量标准，安装工具和设备。

【实训任务】

以小组为单位编制吊顶安装施工方案(以轻钢龙骨石膏板吊顶为例)。

【实训类型】

技术文件编制。

【实训安排】

1 地点

建筑施工实训基地内业工作室。

2 时间

实训时间为 2 天，见表 4-61。

表 4-61 实训时间安排

步骤	实训内容	时间(天)	实训指导教师	指导方式
1	熟悉任务、教师讲解、观看录像	1	1 人	现场答疑
2	编制轻钢龙骨石膏板吊顶施工方案	1	1 人	巡视、指导
合计		2		

3 实训材料

施工图纸、实训任务书、指导书。

【实训步骤】

1 布置任务

使学生明确实训任务，一般来说，分项工程施工方案编制的内容包括：

(1)编制依据。

(2)分项工程概况和施工条件，说明分项工程的具体情况，选择本方案的优点及因素，以及在方案实施前应具备的作业条件。

(3)施工总体安排，包括施工准备、劳动力计划、材料计划、人员安排、施工时间、现场布置及流水段的划分等。

(4)施工方法工艺流程，施工工序，四新项目详细介绍。可以附图附表直观说明，有必要的进行设计计算。

(5)质量标准。阐明标准项目、基本项目和允许偏差项目的具体根据与要求，注明检查工具和检验方法。

(6)质量管理点及控制措施。分析分项工程的重点难点，制定针对性的施工及控制措施和成品保护措施。

(7)安全、文明及环境保护措施 。

(8)其他事项。

2 编制指导

2.1 工艺流程

弹顶棚标高水平线→画龙骨分档线→安装主龙骨吊杆→安装主龙骨→安装次龙骨→安装罩面板→刷防锈漆→安装压条。

2.2 弹顶棚标高水平线

根据楼层标高水平线，用尺竖向量至顶棚设计标高，沿墙、柱四周弹顶棚标高水平线。

2.3 画龙骨分档线

按设计要求的主、次龙骨间距布置，在已弹好的顶棚标高水平线上画龙骨分档线。

2.4 安装主龙骨吊杆

弹好顶棚标高水平线及龙骨分档位置线后，确定吊杆下端头的标高，按主龙骨位置及吊挂间距，将吊杆无螺栓丝扣的一端与楼板预埋钢筋连接固定。未预埋钢筋时可用膨胀螺栓。

2.5 安装主龙骨

(1)配装吊杆螺母。

(2)在主龙骨上安装吊挂件。

(3)安装主龙骨：将组装好吊挂件的主龙骨，按分档线位置使吊挂件穿入相应的吊杆螺栓，拧好螺母。

(4)主龙骨相接处装好连接件，拉线调整标高、起拱和平直。

(5)安装洞口附加主龙骨，按图集相应节点构造，设置连接卡固件。

(6)钉固边龙骨，采用射钉固定。设计无要求时，射钉间距为1 000 mm。

2.6 安装次龙骨

(1)按已弹好的次龙骨分档线，卡放次龙骨吊挂件。

(2)吊挂次龙骨：按设计规定的次龙骨间距，将次龙骨通过吊挂件吊挂在大龙骨上，设计无要求时，一般间距为500～600 mm。

(3)当次龙骨长度需多根延续接长时，用次龙骨连接件，在吊挂次龙骨的同时相接，调直固定。

(4)当采用T形龙骨组成轻钢骨架时，次龙骨的卡档龙骨应在安装罩面板时，每装一块罩面板先后各装一根卡档次龙骨。

2.7 安装罩面板

在安装罩面板前必须对顶棚内的各种管线进行检查验收，并经打压试验合格后，才允许安装罩面板。顶棚罩面板的品种繁多，一般在设计文件中应明确选用的种类、规格和固定方式。罩面板与轻钢骨架固定的方式分为罩面板自攻螺钉钉固法、罩面板胶结粘固法、罩面板托卡固定法三种。

(1)罩面板自攻螺钉钉固法：在已装好并经验收的轻钢骨架下面，按罩面板的规格、拉缝间隙进行分块弹线，从顶棚中间顺通长次龙骨方向先装一行罩面板，作为基准，然后向两侧伸延分行安装，固定罩面板的自攻螺钉间距为150～170 mm。

(2)罩面板胶结粘固法：按设计要求和罩面板的品种、材质选用胶结材料，一般可用401胶黏结，罩面板应经选配修整，使厚度、尺寸、边楞一致、整齐。每块罩面板黏结时应预装，然后在预装部位龙骨框底面刷胶，同时在罩面板四周边宽10～15 mm的范围刷胶，经5 min后，将罩面板压粘在预装部位；每间顶棚先由中间行开始，然后向两侧分行黏结。

（3）罩面板托卡固定法：当轻钢龙骨为T形时，多为托卡固定法安装。

T形轻钢骨架通长次龙骨安装完毕，经检查标高、间距、平直度和吊挂荷载符合设计要求，垂直于通长次龙骨弹分块及卡档龙骨线。罩面板安装由顶棚的中间行次龙骨的一端开始，先装一根边卡档次龙骨，再将罩面板槽托入T形次龙骨翼缘或将无槽的罩面板装在T形器缘上，然后安装另一侧卡档次龙骨。按上述程序分行安装，最后分行拉线调整T形明龙骨。

2.8 安装压条

罩面板顶棚如设计要求有压条，待一间顶棚罩面板安装后，经调整位置，使拉缝均匀，对缝平整，按压条位置弹线，然后接线进行压条安装。其固定方法宜用自攻螺钉，螺钉间距为300 mm，也可用胶结料粘贴。

2.9 刷防锈漆

轻钢骨架罩面板顶棚，碳钢或焊接处未做防腐处理的表面（如预埋件、吊挂件、连接件、钉固附件等），在各工序安装前应刷防锈漆。

【实训成果】

吊顶安装施工方案。

【技术要求】

1 技术文件编制要求

（1）编制的文件内容应满足实用性。

（2）技术措施、工艺方法正确合理。

（3）语言文字简洁，技术术语引用规范、准确。

（4）基本内容及格式符合规范、标准的要求。

2 质量标准

应符合《建筑工程施工质量验收统一标准》（GB 50300—2013）、《建筑装饰装修工程质量验收规范》（GB 50210—2001）、《住宅装饰装修工程施工规范》（GB 50327—2001）等规定。

2.1 主控项目

（1）轻钢骨架和罩面板的材质、品种、式样、规格应符合设计要求。

（2）轻钢骨架安装，吊杆、主次龙骨必须位置正确，连接牢固，无松动。

（3）罩面板应无脱层、翘曲、折裂、缺楞、掉角等缺陷，安装必须牢固。

2.2 一般项目

(1)轻钢骨架整面应顺直,无弯曲、无变形;吊挂件、连接件应符合产品组合的要求。

(2)罩面板表面平整、洁净,颜色一致;无污染、反锈等缺陷。

(3)罩面板接缝形式应符合设计要求,拉缝和压条宽窄一致,平直、整齐,接缝应严密。

2.3 允许偏差项目

轻钢骨架罩面板顶棚允许偏差见表4-62。

表4-62 轻钢骨架罩面板顶棚允许偏差

项次	项类	项目	允许偏差(mm)						检验方法
			胶合板	塑料板	纤维板	钙塑板	石膏板	石棉板	
1	龙骨	龙骨间距	2	2	2	2	2	2	尺量检查
2		龙骨平直	3	3	3	2	2	2	尺量检查
3		起拱高度	±10	±10	±10	±10	±10	±10	短向跨度1/200拉线尺量
4		龙骨四周水平	±5	±5	±5	±5	±5	±5	尺量或水准仪检查
5	罩面板	表面平整	2	2	3	3	3	3	用2 m靠尺检查
6		接缝平直	3	3	3	3	3	3	拉5 m线检查
7		接缝高低	0.5	0.5	1	1	1	1	用直尺或塞尺检查
8		顶棚四周水平	±5	±5	±5	±5	±5	±5	拉线或用水准仪检查
9	压条	压条平直	3	3	3	3	3	3	拉5 m线检查
10		压条间距	2	2	2	2	2	2	尺量检查

【考核评价】

该项目考核评价标准如表4-63所示。

表4-63 门窗工程施工方案编制实训成绩评定表

考核评定方式	评定内容	分值	得分
小组自评	技术交底	10	
	进度	10	
	成果质量	10	
小组互评	成果质量	10	

续表 4-63

考核评定方式	评定内容	分值	得分
教师评定	考勤	10	
	进度	10	
	方案合理性	10	
	规范掌握	10	
	成果质量	20	
合计		100	

本项目实训拓展与提高

在今后的教学与实践环节中,可根据院校的实际条件和教学需要,拓展实训范围,酌情增加拓展性、提高性的实训项目。例如本项目的拓展性实训项目有:

(1)石材干挂法施工实训。

(2)墙面裱糊施工实训。

(3)木地板施工实训。

(4)钢门窗安装实训。

(5)集成吊顶安装实训。

本项目实训小结

(1)巩固基础理论,提高实践技能。

通过本项目实训使学生掌握装饰装修工程的综合施工内容,加深基础理论学习,增强实践动手操作技能。

(2)调动学生积极性,改变传统教学模式,提高教学效果。

通过实训,使学生由原先坐在教室里听课被动的教学模式,变为积极参与的主人翁,充分调动学生的主观能动性,开发学生潜能,提高综合能力。

(3)以就业为导向,和企业实际接轨。

在和企业专家充分调研的基础上,开发的实训项目均具有典型性、代表性。充分体现了实际岗位的需要和学生应具备的能力。通过这些项目的实训,很好地使学生了解现代企业的经营模式、掌握最实用的施工工艺,具备胜任当代企业工作岗位的能力。

实训项目七　工程量清单与计价文件编制综合实训

【实训背景】

工程量清单与计价文件编制综合实训是建筑施工综合实训重要的实践环节,通过建筑工程计价文件编制的实训，使学生加深对课堂内容的理解，根据所学的建筑工程施工图预算编制原理和编制方法，对所学的工程量清单计价文件编制内容进行综合运用，将理论教学与实际操作相结合，着重培养学生的动手能力和分析、解决计价文件编制过程中实际问题的能力。

【实训目的】

1 知识目标

(1)熟悉综合单价法编制建筑工程计价文件工作的全过程；
(2)掌握建筑工程清单计价文件编制的内容、方法、步骤。

2 能力目标

基本具备编制建筑工程工程量清单计价文件的能力。

3 德育目标

(1)培养学生爱岗敬业的思想、勤于钻研、乐于奉献的精神；
(2)培养学生实事求是的科学态度和一丝不苟的工作作风。

【实训任务】

通过本课程学习，使学生具备以下几个方面的能力：

(1)根据建筑工程量手工算量，编制定额计价文件。

(2)根据《建设工程工程量清单计价规范》，编制建筑工程工程量清单文件。

(3)根据拟建工程的工作内容，按照建筑工程消耗量定额的有关规定，进行清单项目组合；进行定额分项消耗量指标的换算和编制补充项目消耗量标准。

【实训地点】

建筑施工实训基地内业工作室。

【实训时间】

本工程设计时间为1周。

【实训类型】

本课程实训应以学生独立操作为主，教师课堂指导为辅。

【实训步骤】

1 主要内容

(1)分部分项工程量清单项目的工料机消耗量计算、汇总；

(2)分部分项工程量清单项目综合单价的计算；
(3)措施项目费的计算，并汇总计算出工程造价；
(4)填写编制说明，填写封面，装订成册。

2　基本要求

(1)按规定的工程量清单计价表格式完成各阶段的编制内容：
①清单工程量及定额工程量计算表；
②分部分项工程量清单；
③措施项目费清单；
④其他项目费清单；
⑤规费及税金项目清单。

(2)必须在规定的时间内完成建筑工程清单计价实训的全部内容，编制一套内容完整的单位建筑工程工程量清单报价书(工程量清单除外)。

【实训成果】

一份内容完整、格式规范的建筑工程施工图预算书。

【实训考核】

1　鉴定方法与考核比重

以每份预算书的内容、格式的质量为考核内容；内容考核比重占50%，格式考核比重占20%，实训期间表现比重占30%。

2　评定标准

评定标准分为优、良、中、及格、不及格五个等级：
(1)优：内容完善、计算正确，字迹工整、清晰，格式规范，完全由学生自己独立完成；
(2)良：内容完善、计算基本正确，字迹工整，格式规范，完全由学生自己独立完成；
(3)中：内容较完善、计算基本正确，字迹较工整，格式较规范，完全由学生自己独立完成；
(4)及格：内容较完善、计算部分有错，字迹较工整，格式较规范，大部分内容由学生自己独立完成；
(5)不及格：内容不完善，计算错误较多，大部分内容抄袭。

附录　工程概况及施工图

工程施工图如图4-29～图4-31所示。

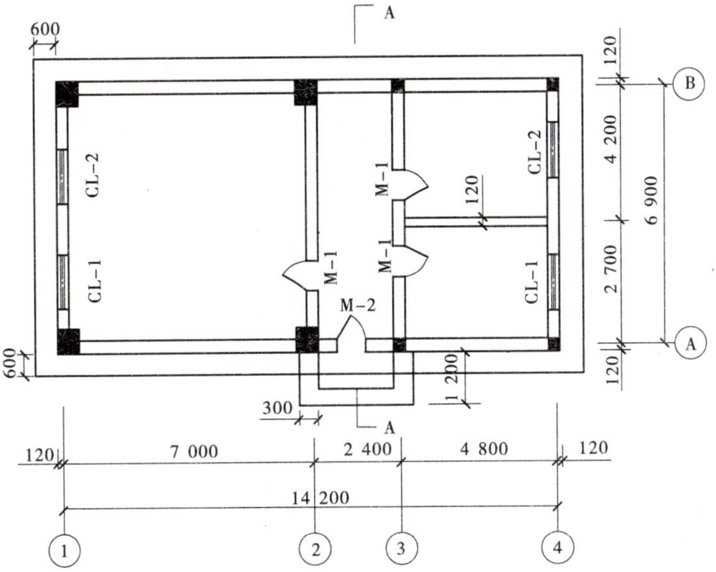

平面图

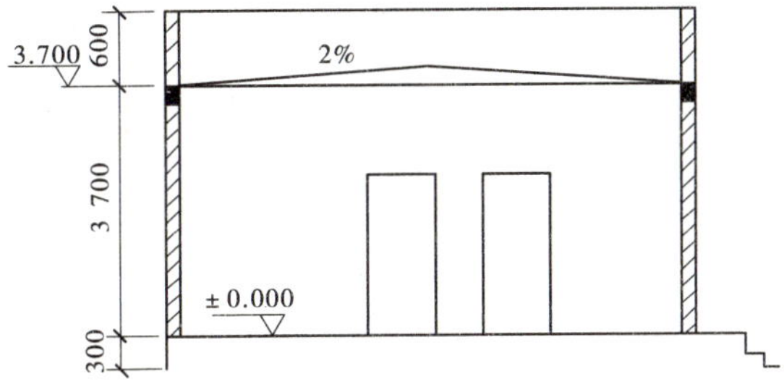

A—A

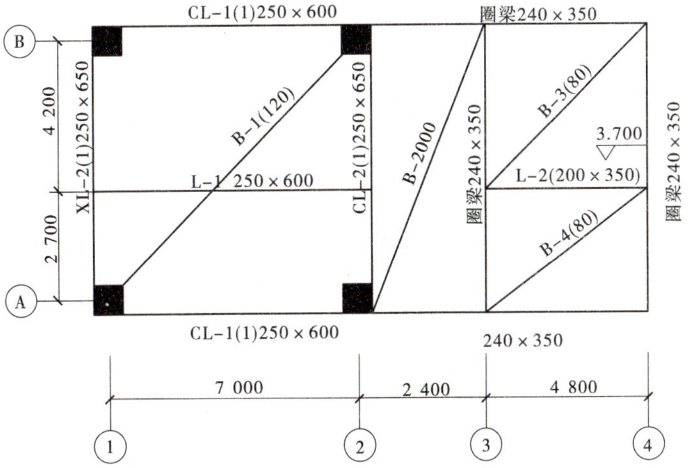

图 4-29 屋面结构平面布置图

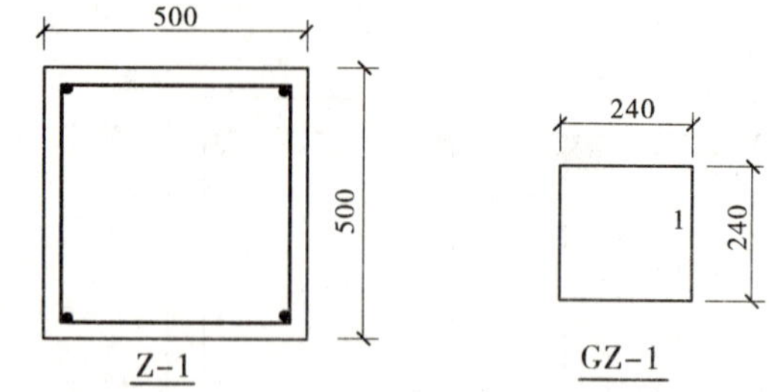

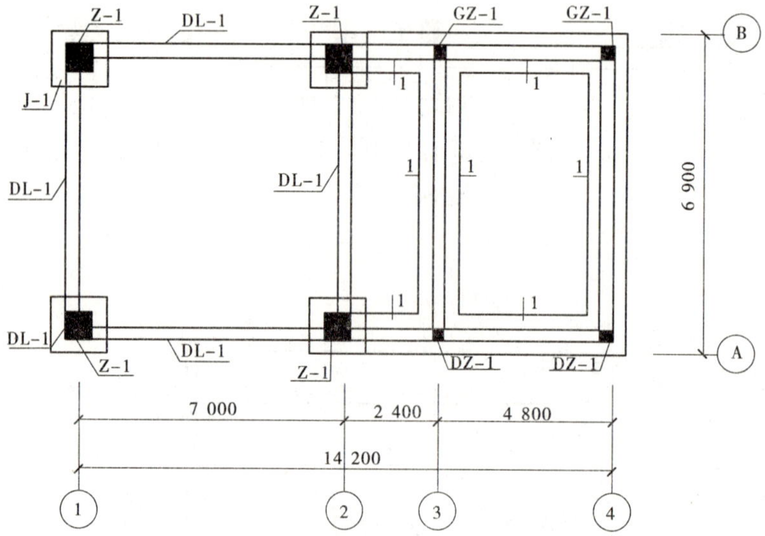

图 4-30 基础平面布置图

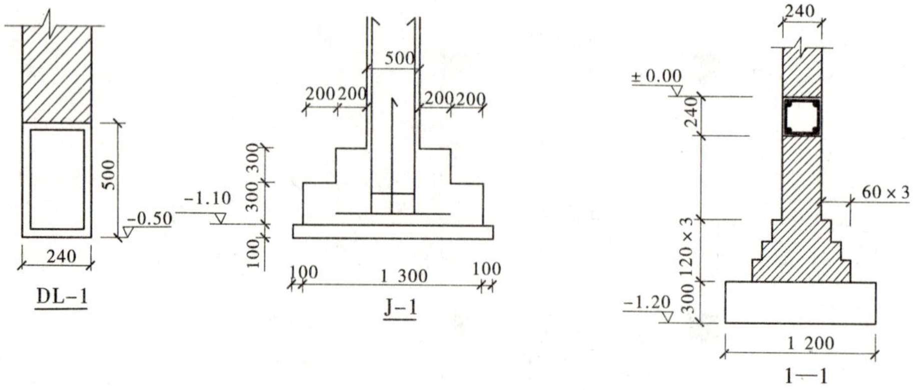

图 4-31 构造柱断面图

设计说明：

(1) ±0.00 以下采用 MU10 标准机制红砖、M10 水泥砂浆砌筑。±0.00 以上框架部分(轴线①—②、含轴线②)为非承重多孔砖、M5 混合砂浆，±0.00 以上砖混部分(轴线②—④)采用 KP1 承重多孔砖、规格 240×115×90、M7.5 混合砂浆砌筑。

（2）现浇混凝土等级：基础垫层为 C15 混凝土，梁、柱为 C25 混凝土，其余均为 C20 混凝土。门窗过梁不考虑。钢筋Φ10 内圆钢筋 1.25 t、Φ10 外圆钢筋 0.75 t、Φ10 外螺纹钢筋 3.50 t。构造柱按图 4-31 断面计算生根于灰土垫层顶，柱、构造柱不深入女儿墙。

（3）地面及台阶做法：素土回填、150 mm 厚 3∶7灰土、60 mm 厚 C15 混凝土垫层、素水泥浆（掺建筑胶）一道、20 mm 厚 1∶3水泥砂浆结合层、5 mm 厚 1∶2.5 水泥砂浆黏结层、铺 10 mm 厚 600×600 地砖。散水做法：150 mm 厚 3∶7灰土垫层宽出面层 300 mm，60 mm 厚 C15 混凝土、20 厚 1∶2水泥砂浆抹面。

（4）屋面做法：1∶6水泥陶粒找坡最薄处 30 mm 厚，50 mm 后挤塑聚苯板，20 mm 厚 1∶2.5水泥砂浆找平、涂刷基层处理剂、2 mm 厚 SBS 防水卷材一道上翻 300 mm、20 mm 厚 1∶3水泥砂浆保护层。

（5）外砖墙面做法：12 mm 厚 1∶3水泥砂浆打底、6 mm 厚 1∶2.5 水泥砂浆找平、4 mm 厚聚合物水泥砂浆黏结层、粘贴 6 mm 厚 45×100 面砖、1∶1聚合物水泥砂浆勾缝。

（6）内砖墙面做法：10 mm 厚 1∶1∶6水泥石灰砂浆打底、6 mm 厚 1∶0.3∶2.5 水泥石灰砂浆抹面，满刮大白粉腻子一遍、刷乳胶漆两遍。

（7）天棚做法：素水泥浆（掺建筑胶）一道、5 mm 厚 1∶0.3∶3水泥石灰砂浆打底、5 mm 厚 1∶0.3∶2.5 水泥石灰砂浆抹面，满刮白水泥腻子一遍、刷乳胶漆两遍。

（8）门窗表如表 4-64 所示，不考虑门锁。

表 4-64 门窗表

名称	洞口尺寸（mm）	数量	类别
CL－1	1 500×1 800	2	铝合金推拉窗、带纱窗
CL－2	2 100×1 800	2	
M－1	900×2 100	3	成品实木门、免漆
M－2	1 000×2 400	1	

图 4-29、图 4-30 未注明的墙厚度均为 240 mm，所有轴线距墙中，门均居开启方向墙的内皮安装，窗均居墙中安装，未注明门的大头角均为 250 mm。

清单工程量及定额工程量计算表如表 4-65 所示。分部分项工程量清单如表 4-66 所示。

表 4-65 清单工程量及定额工程量计算表

序号	工程项目名称	计量单位	工程量	计算式

表 4-66 分部分项工程量清单

序号	清单项目编码	项目名称及项目特征	计量单位	工程数量

参考资料：

(1)《建设工程工程量清单计价规范》(GB 50500—2013),中国计划出版社。
(2)陕西省建筑工程消耗量定额及统一基价表。
(3)图纸所列相关图集。

实训项目八　施工技术资料编制实训

【实训背景】

施工资料是建筑施工中的一项重要组成部分,是工程建设及竣工验收的必备条件,也是对工程进行检查、维护、管理、使用、改建和扩建的原始依据。资料整编实训是重要的实践性教学环节,具有较强的实践性,为学生增强个人的实践能力,为毕业后参加工作,能更好地完成各项实际工作,实现自我价值,打下一个良好的基础。

本实训通过学生上机对建筑工程资料管理软件的实践操作练习,使得学生在实训结束后能够对建筑工程技术资料管理软件的功能有一定的了解,并熟练掌握建筑工程资料的填写、收集、整理和组卷。本实训任务所涵盖的资料类型广泛,较为完善,利于学生较好地接触资料整编的整个过程,也对学生关于资料的基础知识提出一定要求。进一步促进专业知识、实务理论及实践操作的有机联系和统一。

【实训目的】

1　知识目标

(1)了解 PKPM 系列软件之建筑工程资料管理软件的安装程序;
(2)熟悉 PKPM 系列软件之建筑工程资料管理软件的界面及各项功能。

2　技能目标

(1)能利用 PKPM 系列软件之建筑工程资料管理软件创建新工程文件;
(2)能熟练利用 PKPM 系列软件之建筑工程资料管理软件进行建设单位资料的填写、资料整编等工作;
(3)能熟练利用 PKPM 系列软件之建筑工程资料管理软件进行监理单位资料的填写、资料整编等工作;
(4)能熟练利用 PKPM 系列软件之建筑工程资料管理软件进行施工单位资料的填写、资料整编等工作。
(5)能熟练利用建筑工程资料管理软件进行竣工验收资料的填写、资料整编等工作。

3　素质目标

(1)良好的职业道德水平、良好的从业沟通能力;
(2)良好的独立学习能力以及团队协同解决问题的能力。

【实训任务】

(1)利用资料管理软件进行建设单位资料的资料填写、整理、汇编、组卷工作;
(2)利用资料管理软件进行监理单位资料的资料填写、整理、汇编、组卷工作;
(3)利用资料管理软件进行施工单位资料的资料填写、整理、汇编、组卷工作。

【实训类型】

资料填写、书面报告。

【实训安排】

1 实施地点

工程项目管理实训机房。

2 时间进度

实训时间及进度见表4-67。

表4-67 实训时间及进度

时间	进度	备注
第一天	熟悉资料软件,查找相关资料,完成填写软件中监理资料的部分内容; 查找相关资料,完成填写软件中工程质量控制资料表的部分内容; 查找相关资料,完成填写软件中工程质量保证资料统一用表的部分内容	A1、A2、A3、A10、A13、B7、C2、B1-2-1、B1-2-6、B1-2-14、B5-14、B5-15、ZBZ001、ZBZ002、ZBZ004、ZBZ006、ZBZ027
第二天	查找相关资料,完成填写软件中施工质量验收技术资料通用表的部分内容; 查找相关资料,完成填写软件中质量验收检验批用表的部分内容; 查找相关资料,完成填写软件中建筑与结构工程安全和功能检验或抽查记录表的部分内容	A0-2、A0-5、A0-8、A0-17、A0-21、A0-32、010301、020304、030201、030302-1、040103、C1-1、C1-3、C1-4、C1-6、C1-7、C1-8
第三天	查找相关资料,完成填写软件中建筑工程施工质量评价标准的部分内容; 查找相关资料,完成填写软件中建筑节能的部分内容; 查找相关资料,完成填写软件中补充用表的部分内容; 查找相关资料,完成填写软件中建筑消防资料的部分内容	1-1-5、1-1-7、1-1-19、1-1-21、1-1-30、1-1-37、表B-0-1、表B-0-2、表B-0-3、表 110101、表 110103、E006、E007、XF2-3、XF2-8、XF2-30、XF6-2

【实训步骤】

（1）本实训在工程项目管理实训机房进行。机房内的电脑均已安装了 PKPM 系列软件之建筑工程资料管理软件，只需在实训期间给每位同学发一个该软件配套的密码锁即可，需同学们登记密码锁的锁号并签名。实训完成后需将密码锁完好无损地交回实验室。

（2）双击“建筑工程资料管理”图标后，选择“项目版”后，选择“工程资料（陕西省）”。首先应先“创建新工程文件”，输入文件名称，并输入工程信息（如工程名称、建设单位、设计单位、监理单位、施工单位、承包单位、结构类型、基础类型、建筑面积、层数、檐高、开竣工日期、项目经理、总监理工程师、监理工程师等相关信息）。然后打开左侧各文件夹按上表要求做相应的文件资料。

（3）完成资料表格的范例填写，编写填写说明，详细介绍资料填写的格式、内容要求和注意事项。

（4）提供基本资料。

工程项目的基本信息：

工程名称：杨凌职业技术学院某某教学楼　　建设单位：A 房地产开发商

设计单位：B 设计院　　施工单位：C 建筑公司

监理单位：D 监理公司　　承包单位：E 承包商

结构类型：框架剪力墙结构　　基础类型：箱型基础

建筑面积：20 372 m^2

层数：10 层　　檐高：32.35 m

开工日期：2013 年 9 月 1 日　　竣工日期：2014 年 12 月 31 日

项目经理：张某某　　总监理工程师：李某某

监理工程师：王某某

【实训成果】

本实训结束时，学生需上交利用 PKPM 系列软件之建筑工程资料管理软件所做的上表中所列各工程文件的电子版，其文件所在文件夹应命名为：班级 + 学生姓名。所有的文件必须填写规范、完整，不得有遗漏项；所有文件间应前后对应，避免出现如建设单位名称前后不一致现象；所有文件均应填写时间，且应符合文件形成的先后顺序。所交电子版文件应齐全，不得缺少。

【技术要求】

（1）熟悉以下施工质量验收规范：《建筑工程施工质量验收统一标准》、《建筑地基基础工程施工质量验收规范》、《砌体工程施工质量验收规范》、《混凝土工程施工质量验收规范》、《屋面工程施工质量验收规范》、《地下防水工程施工质量验收规范》等。

（2）熟悉资料通用和专用表格，做好图纸变更、文件、技术资料和外来资料的收集、整理、保管、传递和归档移交工作。

（3）能够对施工过程中各种质量保证资料进行收集、检查、汇总等。

(4)掌握施工中各种试块、试件的取样、送检、结果回索、上报、分类保管等。

(5)完成资料表格的范例填写,编写填写说明,详细介绍资料填写的格式、内容要求和注意事项。

(6)参考资料:

谢咸颂、陈锦平,《建筑工程资料管理》,化学工业出版社,2011.08。

赵虹,《建筑工程资料管理》,北京理工大学出版社,2013.06。

建设部城建档案工作办公室,《建设工程文件归档整理规范》,2002.05。

中华人民共和国住房与城乡建设部,《建筑工程资料管理规程》,2009.10。

【考核评价】

本实训考核方法包括平时出勤和成果考核两部分:出勤占60%,共考勤6次,每次缺勤扣除总成绩的10%;成果考核占40%。总分100分。

总成绩按优秀、良好、中等、及格、不及格五等级划分。其中出勤和成果考核累计在90分及以上者为优秀;出勤和成果考核累计在80~89分者为良好;出勤和成果考核累计在70~79分者为中等;出勤和成果考核累计在60~69分者为及格;出勤和成果考核累计在59分及以下者为不及格。

实训项目九　施工项目管理综合实训

本项目实训导言

项目管理是为使项目取得成功(实现要求的质量、时限、所核定的费用等项目目标)而对其所进行的全过程、全方位的策划、规划、组织、控制、协调、监督等活动过程的总称。项目管理的对象是项目,由于项目的特殊性,带来了项目管理的复杂性和艰巨性,项目管理要按照科学的理论、方法和手段来进行,特别是要用系统工程的观念、理论和方法进行管理。施工项目管理是建筑业企业运用系统的观点、理论和方法对施工项目进行的计划、组织、监督、控制、协调等全过程、全方位的管理,是工程建设实施阶段的项目管理。

施工项目管理综合实训任务分解见表4-68。

表4-68　施工项目管理综合实训任务分解

序号	实训子任务	实训地点	实训类型	时间(天)
1	实训1　工程招投标	建筑模型室	资料填写	2
2	实训2　模拟沙盘实训	实训基地	动手操作	3
合计				5天(1周)

实训1　工程招投标

【实训背景】

招投标,是招标投标的简称。招标和投标是一种商品交易行为,是交易过程的两个方面。招标投标是一种国际惯例,是商品经济高度发展的产物,是应用技术、经济的方法和市场经济的竞争机制的作用,有组织开展的一种择优成交的方式。这种方式是在货物、工程和服务的采购行为中,招标人通过事先公布的采购和要求,吸引众多的投标人按照同等条件进行平等竞争,按照规定程序并组织技术、经济和法律等方面专家对众多的投标人进行综合评审,从中择优选定项目的中标人的行为过程。其实质是以较低的价格获得最优的货物、工程和服务。

【实训目的】

1　能力目标

(1)通过本课程设计,通过投标与合同模拟演练,使学生对工程招投标的全部过程有较全面的认识,初步了解投标与合同签订全过程的工作程序。

(2)基本掌握工程投标决策方法及工程询价、报价的技巧。

(3)能比较完整地编制工程投标文件、施工合同文件及工程投标过程中所需要的其他文件,增强学生对工程投标工作的实际操作能力。

2　知识要点

招标、投标、中标、签订合同的技术规定。

【实训任务】

杨凌职业技术学院建筑施工实训楼项目的投标文件的编制,合同文件编制任务。

【实训类型】

技术文件编制。

【实训安排】

1　地点

实训楼模拟沙盘教室。

2　时间

实训时间为2天,内容见表4-69。

表4-69 实训时间和内容

时间	实训内容	地点
第一天上午	布置实训任务和整体安排,讲解实训要求和注意事项。熟悉实训资料	教室
第一天下午	编制施工投标文件	教室
第二天上午	现场组织模拟开标、评标、定标全过程	教室
第二天下午	编制施工合同协议书、专用条款	教室
合计	2天	

【实训步骤】

1 编制投标标书

要求每人独立完成,由指导教师选定一份招标书作为该组编写投标文件的依据;在编制投标书之前要认真研究招标文件,尤其是评标细则,并进行施工现场考察,分析施工条件;认真填写招标文件所附的各种投标表格,规范合理,尽可能模拟真实工程,否则有可能会因此而导致废标;投标文件的封装,投标文件编写完成后按招标文件要求的方式进行分装、贴封、签章。

投标文件内容要求:

按课本实例格式,有投标文件封面、目录、内容有:

(1)投标函;

(2)法定代表人身份证明或附有法定代表人身份证明的授权委托书;

(3)联合体协议书(视情况而定);

(4)投标保证金或保函;

(5)已标价工程量清单(经济标部分);

(6)施工组织设计(技术标部分);

(7)项目管理机构;

(8)拟分包项目情况表;

(9)资格审查资料;

(10)投标人须知前附表规定的其他材料。

2 开标、评标模拟

以宿舍为单位组成一组,由指导教师选定4~7份投标书参加投标;一般由本标段招标文件的起草者作为招标人代表出席开标会;被选中投标书的同学在开标时以投标人的身份出席开标会;而在评标阶段则以记录员、公证员、政府监督部门的身份见证与监督评标的全过程；和其他未投标的同学作为评标专家，与招标人代表一同组成评标委员会（单数）参与评标。招标人代表介绍招标项目概况，指定记录员，并组织推荐评标委员会的组长；由评标组长主持开标评标工作。

3　编制施工合同

施工合同内容：按课本附录施工合同示范文本格式，编写协议书与专用条款，通用条款略。

【实训成果】

（1）施工投标文件的编制；

（2）开标、评标、定标全过程模拟；

（3）施工合同协议书、专用条款的编制。（通用条款略）

【技术要求】

（1）设计过程力求与实际情况保持一致，尽可能采用现实工程实例，各类范本应采用全国规范范本形式。

（2）保证学生组成员在设计过程中任务的均衡性、完整性，通过教师平时的检查督促和实训指导，培养学生的独立工作能力。

（3）按照招投标工作的特点，树立学生的保密意识，从另一个角度，避免抄袭的可能性。

（4）教师保证设计过程中的指导时间，加强考勤力度，保证学生的设计时间。

附：工程信息

杨凌职业技术学院建筑施工技术实训楼

工期：2009-03-01 ~ 05-31

陕西建工集团第五工程公司

法定代表人：李宗坤

造价 150 万元（框架结构部分）

工程量清单详见图纸

分部分项工程施工方法结合施工教材写出主要工艺流程；

进度计划、劳动力计划、质量技术措施、安全及文明施工可略写但要有；

项目班子人员、简历表、组织机构要详细些；

合同中的有关时间可自定，但要写上不能留空白，尽可能模拟实际工程等。

【考核评价】

该项目考核评价标准见表 4-70。

表 4-70 招投标实训成绩评定表

考核评定方式	评定内容	分值	学生得分
小组自评	施工方案	10	
	现场平面图	10	
	施工技术交底	10	
	进度	10	
小组互评	成果质量	10	
教师评定	成果质量	10	
	考勤	10	
	进度	10	
	编制流程	10	
	规范掌握	10	
合计		100	

实训2 模拟沙盘实训

【实训背景】

沙盘模拟，是针对代表先进的现代企业经营与管理技术——ERP（企业资源计划系统），设计的角色体验的试验平台。项目管理沙盘实训课程紧密围绕现代项目管理的核心内容，重点从项目进度管理、成本管理和风险管理等方面引导学员进行实战体验，通过知识讲解、技能传授、沙盘演练等方法，帮助学员树立现代项目管理的意识，培养学员在项目管理过程中处理和应对突发问题的能力，提高他们按照项目管理专业流程独立承担项目管理的能力。

【实训目的】

1 能力目标

（1）借助于模拟的项目管理环境，引导学员推演项目运作的全过程，帮助学员理解项目管理的关键要素，建立对项目管理知识体系的系统认识。

（2）验证应对实际项目问题时具体措施的成败效果，体验项目角色和流程，增进岗位间的相互理解。

（3）掌握项目型组织的经营管理要点及关键，掌握项目的进度、成本、质量的平衡，把握项目生命周期，培养项目组成员利用有限资源创造最大业务价值的意识和能力。

（4）掌握项目管理实践的基本“语言”，如 PPM、GERT 图等一些硬性的工具和技能。

2 知识要点

项目管理、进度控制、投资控制、签订合同的技术规定。

【实训任务】

杨凌职业技术学院建筑施工实训楼项目的模拟沙盘操作,并进行施工方案优选。

【实训类型】

实践操作、实训总结报告。

【实训安排】

1 地点

实训楼模拟沙盘教室。

2 时间

实训时间为3天,见表4-71。

表4-71 模拟沙盘实训安排

时间	实训内容	地点
第一天上午	沙盘课程导入,介绍沙盘课程背景、规划及流程;学生进行团队组建	教室
第一天下午	工程1执行过程前面部分操作演练,老师带领学生完成一个简单工程项目的第一个月沙盘操作	教室
第二天上午	工程1后续实施过程全体验,学生自行完成工程1剩余工作	教室
第二天下午	建筑施工实训楼项目沙盘模拟操作	教室
第三天上午	建筑施工实训楼项目沙盘模拟操作	教室
第三天下午	撰写实训总结	教室
合计	3天	

【实训步骤】

1 实训准备

将参加实训的学生分成若干组,每组5人,每组各代表不同的一个虚拟建筑施工公司,每个小组的成员分别担任公司中的重要职位(项目经理、经营经理、采购经理、财务经理等)，每组要亲自完成模拟项目的工程管理过程。

2 施工组织模拟

(1)依据施工项目工程量与市场条件，制订施工组织进度计划横道图。

(2)预测市场风险(筹资融资风险、气候条件风险、施工安全风险等)。

3 施工方案优选

(1)创设2~3个施工方案。

(2)以净利润最大为目标，综合权衡，优选最佳施工方案。

4 生产管理模拟

(1)根据施工项目工程量与市场条件及制订的施工方案，合理确定工、料、机的合理选配，注意机械设备的产能、施工现场水电量的需求及库房容量等的匹配。

(2)项目实施过程中如遇特殊情况发生，应考虑采取紧急补救措施，使项目得以继续进行。

(3)按月结算，每月小结。

5 财务管理模拟

(1)制订筹资融资计划，正确评估项目施工期间的现金流量，力求创造高利润。

(2)预估长、短期资金需求，确定贷款方式，妥善控制成本。

(3)分析财务报表，掌握报表重点与数据含义。

(4)运用财务指标进行内部诊断，协助项目经理管理决策。

【实训成果】

(1)沙盘模拟实训临场态度、表现；

(2)实训总结报告。

【技术要求】

(1)直观感受项目的工作流、物资流、资金流和信息流；

(2)关注项目型组织的经营要点及关键；

(3)切身感受项目团队不同岗位的角色和作业流程；

(4)真实平台的决策中把握项目管理要点；

(5)透明信息环境中掌握项目管理知识和技能；

(6)游戏中感悟和探寻项目管理规律。

【考核评价】

该项目考核评价标准见表4-72。

表 4-72　模拟沙盘实训成绩评定表

考核评定方式	评定内容	分值	学生得分
分组评定	净利润情况	30	
	角色扮演	20	
	组织纪律	10	
	工作态度	10	
	职业道德	10	
	总结报告	20	
合计		100	

本项目实训拓展与提高

在今后的教学与实践环节中，可根据院校的实际条件和教学需要，拓展实训范围，酌情增加拓展性、提高性的实训项目。例如本项目的拓展性实训项目有：

(1)建筑工程质量控制实训。

(2)建筑工程进度控制实训。

(3)建筑工程安全管理实训。

(4)建筑工程合同管理与风险评估实训。

本项目实训小结

(1)巩固基础理论，提高实践技能。

通过本项目实训使学生掌握施工项目管理的综合实训内容，包括工程招投标、沙盘模拟实训内容，加深基础理论学习，增强实践动手操作技能。

(2)调动学生积极性，改变传统教学模式，提高教学效果。

通过实训，使学生由原先坐在教室里听课被动的教学模式，变为积极参与的主人翁，充分调动学生的主观能动性，开发学生潜能，提高综合能力。

(3)以就业为导向，和企业实际接轨。

在和企业专家充分调研的基础上，开发的实训项目均具有典型性、代表性。充分体现了实际岗位的需要和学生应具备的能力。通过这些项目的实训，很好地使学生了解现代企业的经营模式，掌握最实用的施工工艺，具备胜任当代企业工作岗位的能力。

第5章 实训的考核与评估

5.1 考核目的

为了更好地调动学生自主学习有关专业课程的学习积极性,增强学生的动手操作能力,提高学生就业竞争力;总结、发现教师与学生在教与学两个环节中的经验和问题,指导教师在下一个教学过程中更好地履行教学责任,依据本专业建设规划和人才培养计划,制定本专业的综合实训考核。

5.2 考核内容

以《中华人民共和国职业技能鉴定规范》为标准,结合学校实训条件,形成有学校特色的综合实训教学大纲。考核内容包括以下几个方面:

(1)考核学生对本工种技术知识、操作技能、技巧理解和运用的程度;

(2)考核学生遵守工艺规程、安全文明生产、实习劳动态度等职业道德的情况;

(3)考核学生利用专业技术解决实际问题的综合能力。

5.3 考核原则

(1)实训指导教师应当坚持经常地、有计划地对实训进行考核,这样才能及时地发现教学中存在的问题,并调整和改进教学内容与方法。

(2)考核必须采取客观的、统一的标准,防止对学生的实习活动及完成的工作采取主观的、偶然的和任意的评定。

(3)教师评定学生的成绩应当是公正的、准确的,能够真实地反映学生的知识、技能和技巧的实际水平,保持成绩的真实性和严肃性。

(4)实训教师在技能考核中可结合口头答辩,以考核一些专业基本理论知识和在本校无法实施的工艺方法。

5.4 考核评价标准

5.4.1 校内实训考核

5.4.1.1 实训项目考核标准

综合实训是高职学生理论与实践相结合的有效途径，是课程体系改革中的重要环节。综合实训考核标准的优劣与否决定了整个实训过程的规范性、严谨性以及实训质量。因此，我们一直对实训教学非常重视，不断地改革和修订本专业的人才培养方案和综合实训考核评价标准。依据学生的工作态度、操作技能、心智技能、考勤次数、实作成果完成质量、综合实训作业、综合实训报告的质量，并与学生自评、互评、专业指导教师评价相结合等方式对学生进行综合考核。

在前述第4章实训项目中已经针对不同类型、不同特点的实训项目分别编制了子实训项目的考核评价标准（定量评价），最终的《建筑施工综合实训》课程成绩由砖混结构施工综合实训、框架结构施工综合实训、剪力墙结构施工综合实训、钢结构施工实习、设备安装工程综合实训、装饰工程综合实训、工程量清单与计价文件编制实训、施工技术资料编制实训、施工项目管理综合实训等9个校内实训项目的成绩加权平均求汇总分得到。

这9个实训项目分别有分项考核标准，各分项考核分数加权平均累加得到“汇总分”。评分汇总表见表5-1。

表5-1 建筑施工综合实训课程考核评分汇总表

班级： 姓名： 学号：

<table>
<tr><td rowspan="2">总计得分（满分100分）</td><td colspan="9">实训项目名称及分值</td></tr>
<tr><td>砖混结构施工综合实训（分值20分）</td><td>框架结构施工综合实训（分值20分）</td><td>剪力墙结构施工综合实训（分值15分）</td><td>钢结构施工实习（分值10分）</td><td>设备安装工程综合实训（分值10分）</td><td>装饰工程综合实训（分值5分）</td><td>工程量清单与计价文件编制实训（分值5分）</td><td>施工技术资料编制实训（分值5分）</td><td>施工项目管理综合实训（分值10分）</td></tr>
<tr><td></td><td></td><td></td><td></td><td></td><td></td><td></td><td></td><td></td><td></td></tr>
<tr><td colspan="10">教师评语：</td></tr>
<tr><td>综合实训成绩等级</td><td colspan="9"></td></tr>
</table>

汇总表满分100分。各分项实训项目评分表在汇总表中所占的满分分值分别为：

(1)砖混结构施工综合实训:20分(权值0.2)

(2)框架结构施工综合实训:20分(权值0.2)

(3)剪力墙结构施工综合实训:15分(权值0.15)

(4)钢结构施工实习:10分(权值0.1)

(5)设备安装工程综合实训:10分(权值0.1)

(6)装饰工程综合实训:5分(权值0.05)

(7)工程量清单与计价文件编制实训:5分(权值0.05)

(8)施工技术资料编制实训:5分(权值0.05)

(9)施工项目管理综合实训:10分(权值0.1)

在汇总表中,各分项实训项目实得分数按下式计算:

在汇总表中各分项实训项目实得分数=(汇总表中该项应得满分分值×该项实训项目实得评分)/100

建筑施工综合实训课程考核汇总分=Σ(砖混结构施工综合实训分项得分+框架结构施工综合实训分项得分+剪力墙结构施工综合实训分项得分+钢结构施工实习分项得分+设备安装工程综合实训分项得分+装饰工程综合实训分项得分+工程量清单与计价文件编制实训分项得分+施工技术资料编制实训分项得分+施工项目管理综合实训分项得分)

各分项实训项目实得评分为各子实训评分代数和的平均值。具体按下式计算:

(1)砖混结构施工综合实训项目实得评分=Σ(砖混结构识图评分+土方施工方案编制评分+定位测量评分+砖墙砌筑实训评分+脚手架专项施工方案编制评分+构造柱和地圈梁施工实训评分)/6

(2)框架结构施工综合实训项目实得评分=Σ(框架结构平法识图评分+施工组织设计评分+基础-柱-梁-板钢筋、模板施工实训评分)/3

(3)剪力墙结构施工综合实训项目实得评分=Σ(深基坑支护施工方案编制实训评分+桩基础施工方案编制实训评分+剪力墙(暗柱)的钢筋、模板工程施工实训评分)/3

(4)钢结构工程施工实习实训项目实得评分=Σ(钢结构加工参观实习评分+钢结构吊装方案编制评分)/2

(5)设备安装工程综合实训项目实得评分=Σ(给排水及采暖工程施工实训评分+建筑电气工程施工实训评分)/2

(6)装饰工程综合实训项目实得评分=Σ(地面砖铺贴实训评分+吊顶工程施工方案编制实训评分)/2

(7)工程量清单与计价文件编制综合实训实得评分=该项目实得评分

(8)施工技术资料编制实训实得评分=该项目实得评分

(9)施工项目管理综合实训项目实得评分=Σ(工程招投标评分+模拟沙盘实训评分)/2

最后由汇总分划分成绩等级如下:

(1)汇总分≥90分,综合实训成绩评定为“优秀”等级。

综合实训态度端正,工作积极主动;全面完成实训任务书的要求,实际操作能力强,理论联系实际好，实训实施过程操作完全正确，实训报告质量高，全面系统；答辩时回答问题正确完满；无缺勤和违纪现象。

(2)80≤汇总分<90分，综合实训成绩评定为“良好”等级。

综合实训态度端正，工作积极主动；较好完成实训任务书的要求，有一定的实际操作能力，能理论联系实际，实训报告内容全面系统；答辩时能较完满正确地回答问题；无缺勤和违纪现象。

(3)70≤汇总分<80分，综合实训成绩评定为“中等”等级。

综合实训态度基本端正；有一定的实际操作能力，能理论联系实际，实训实施过程操作基本正确，达到综合实训任务书的要求；答辩时能正确回答基本问题；无缺勤和违纪现象。

(4)60≤汇总分<70分，综合实训成绩评定为“及格”等级。

实习实训态度基本端正；能达到综合实训任务书的基本要求，能完成综合实训作业和实训报告，内容基本正确；答辩中能回答基本问题；无明显缺勤和违纪现象。

(5)汇总分<60分，综合实训成绩评定为“不及格”等级。

凡属下列情况之一者，记为不及格。

(1)经综合评定，分值在60分以下者。

(2)因病因事缺席累计时间达实训规定时间的1/3及以上者。

(3)无故旷工累计一天及以上者。

(4)经教育仍不服从实训(指导)教师的管理者。

(5)有重大违纪现象，并因此产生下列影响之一者：

①对他人造成人身安全侵害；

②对实训基地或学校造成生产(或教学)活动受阻；

③对实训基地或学校的经济或名誉造成损害；

④综合实训中严重违反纪律。

实训项目考核与成绩评定表见附件3，实训日常考核记录表见附件4。

5.4.1.2 奖励与处分

对综合实训中理论联系实际好，合理化建议被采纳并有显著经济效益者；社会调查及社会服务成绩突出者，视情况给予表彰，并记入本人档案。

综合实训不及格者第二年和下一批学生一起参加补考，延缓毕业时间，对于违反纪律严重者可根据学籍管理规定予以处理。

5.4.2 校外实训考核

校外综合实训主要由企业现场指导、指导老师远程监督共同完成，企业主要参与综合实训，顶岗实习指导的考核评价。根据学生实习期间工作态度、书面材料完成情况、实习总结、答辩质量给予综合评价。应注重学生动手能力和在实践中分析问题、解决问题能力的考核，对在学习和应用上有创新的学生应予特别鼓励，全面综合评价学生能力。

考核标准见表5-2～表5-5。

表5-2 学生校外综合实训实习过程评价指标

一级指标	二级指标	分值	得分	
			校外指导教师评价	校内指导教师评价
职业工作态度（10分）	劳动纪律：实训实习期间出勤率为100%，无迟到、早退、矿工、病事假。	3		
	吃苦耐劳：工作不怕苦不怕累，无偿安排加班没有怨言。	2		
	工作作风：工作中积极主动，作风严谨，完成任务及时。	3		
	从业稳定性：至始至终只在一个实习单位进行实训实习，并主动与单位签订就业协议。	2		
技能水平与职业素质（30分）	专业技能：分优秀、良好、合格、不合格四个等级，由各专业与实习单位具体制定、细化评价标准	5		
	专业知识：分优秀、良好、合格、不合格四个等级，由各专业与实习单位具体制定、细化评价标准。专业知识评价着重评价学生专业知识的应用能力。	3		
	成果质量：分优秀、良好、合格、不合格四个等级，由各专业与实习单位具体制定、细化评价标准。若以产品的形式体现实习成果，则只有合格和不合格两档。	5		
	对实习单位的贡献：分优秀、良好、合格、不合格四个等级，由各专业与实习单位具体制定、细化评价标准。对贡献的评价着重评价学生给企业带来了什么直接或者间接的效益。	2		
	工资水平：分优秀、良好、合格、不合格四个等级，由各专业与实习单位具体制定、细化评价标准。结合行业、地域、岗位等差异，顶岗实习的工资水平参照毕业生初次就业相关的平均起薪点的80%为优秀。	2		
	质量意识：分优秀、良好、合格、不合格四个等级，由各专业与实习单位具体制定、细化评价标准。	4		
	安全意识：分优秀、良好、合格、不合格四个等级，由各专业与实习单位具体制定、细化评价标准。	5		
	团队精神：分优秀、良好、合格、不合格四个等级，由各专业与实习单位具体制定、细化评价标准。	4		
工作能力（10分）	独立工作：在规定的时间内，按照工作标准及规范独立完成工作任务。	3		
	组织协调：在工作过程中表现出较强的组织能力和协调能力，承担了工作小组长职责。	2		
	交流表达：准确表达自己的思想和意见，采纳别人合理的建议，说服别人采纳自己合理的建议。	3		
	工作执行力：严格按照工作规范、技术标准完成工作任务。	2		

表 5-3　学生校外综合实训实习过程鉴定表

<table>
<tr><td>姓名</td><td></td><td>学号</td><td></td><td>专业</td><td></td></tr>
<tr><td>实习单位</td><td colspan="2"></td><td>所在岗位</td><td colspan="2"></td></tr>
<tr><td>校外实习单位指导教师</td><td></td><td>职务、职称</td><td></td><td>联系电话</td><td></td></tr>
<tr><td>实习时间</td><td colspan="5">年　月　日　至　　年　月　日</td></tr>
<tr><td rowspan="2">校外实习单位指导教师考核意见</td><td colspan="5">（请详细、客观地评价该生在实习期间的遵守劳动纪律、工作态度表现、业务能力水平以及操作技能掌握情况等）

指导教师（签字）：
实习单位（盖章）：
年　　月　　日</td></tr>
<tr><td>过程评价得分</td><td colspan="4"></td></tr>
<tr><td rowspan="2">校内指导教师考核意见</td><td colspan="5">年　月　日</td></tr>
<tr><td>过程评价得分</td><td colspan="2"></td><td>校内指导教师签字</td><td></td></tr>
<tr><td>教研室意见</td><td>成绩总评</td><td colspan="2"></td><td>教研室审核</td><td></td></tr>
</table>

注：成绩总评 = 校外指导教师过程评价得分 ×70% + 校内指导教师过程评价得分 ×30%，依据上述学生综合实训过程评价表的评价指标进行评价。

表5-4　学生校外综合实训实习报告评价表

<table>
<tr><td colspan="2">学生姓名</td><td></td><td>专业</td><td colspan="2"></td><td colspan="2">学号</td><td></td></tr>
<tr><td colspan="2">实习
报告题目</td><td colspan="7"></td></tr>
<tr><td rowspan="6">实习
报告
评分
(35)</td><td>序号</td><td colspan="2">评分项目</td><td>优</td><td>良</td><td>合格</td><td>不合格</td><td>得分</td></tr>
<tr><td>1</td><td colspan="2">规范性</td><td>7</td><td>6</td><td>5</td><td>3</td><td></td></tr>
<tr><td>2</td><td colspan="2">完整性</td><td>7</td><td>6</td><td>5</td><td>3</td><td></td></tr>
<tr><td>3</td><td colspan="2">真实性</td><td>7</td><td>6</td><td>5</td><td>3</td><td></td></tr>
<tr><td>4</td><td colspan="2">成果及体会</td><td>14</td><td>12</td><td>9</td><td>6</td><td></td></tr>
<tr><td colspan="3">合计</td><td colspan="5"></td></tr>
<tr><td>实训
实习
报告
评语</td><td colspan="8"></td></tr>
<tr><td colspan="2">校内指导教师签名</td><td colspan="2"></td><td colspan="3">教研室主任签名</td><td colspan="2"></td></tr>
</table>

表 5-5　学生校外综合实训报告评价标准

项目	评分标准
格式的规范性	优秀:整个报告文本设计漂亮,格式规范,各级标题序号、字体字号、段落空格、行距等完全符合要求;语句通顺、条理清楚、逻辑性强、图表规范。 良好:报告格式规范,各级标题序号、字体字号、段落空格、行距等符合要求;语句通顺、条理清楚、逻辑性强、图表规范。 合格:报告格式基本规范,各级标题序号、字体字号、段落空格、行距等基本符合要求。语句通顺、条理清楚。 不合格:报告格式不规范,各级标题序号、字体字号、段落空格、行距等不符合要求;语句不通顺、条理不清楚。
结构的完整性	优秀:报告结构非常完整,涵盖实践报告内容应有的所有要素。 良好:报告结构完整,涵盖实践报告内容的主要要素。 合格:报告结构基本完整,涵盖实践报告内容的基本要素。 不合格:报告结构不完整,没有涵盖实践报告内容的主要要素。
内容的真实性	优秀:实习中工作任务内容、时间安排非常真实,具有可验证性。有工作岗位、所承担的工作任务、工作要求及完成情况的描述,资料翔实;陈述与分析能很好地运用专业理论知识、言之有理、持之有据、富有新意。 良好:实习中工作任务内容、时间安排真实,具有可验证性。有工作岗位、所承担的工作任务、工作要求及完成情况的描述,资料基本翔实;分析陈述能运用专业理论知识、言之有理、持之有据。 合格:实习中工作任务内容、时间安排基本真实,具有可验证性。有工作岗位、所承担的工作任务、工作要求及完成情况的描述;分析陈述基本能运用专业理论知识。 不合格:实习中工作任务内容、时间安排不够真实或伪造实习内容。不能运用专业理论知识对工作岗位、所承担的工作任务、工作要求及完成情况进行描述。
成果及体会	优秀:按实习计划及任务书的要求圆满完成实习任务,很好地坚持记录实习日志;对实习过程的体会、收获与问题进行了全面、系统的总结;通过顶岗实习较全面地了解和提升了专业能力、方法能力和社会能力等综合职业素养。 良好:按实习计划及任务书的要求完成实习任务,坚持记录实习日志;对实习过程的体会、收获与问题进行了较全面的总结;通过顶岗实习提升了专业能力、方法能力和社会能力等综合职业素养;无违纪现象。 合格:基本按照实习计划及任务书的规定与要求完成实习任务,实习日志记录不很完整,有主要的实习材料;对实习过程的体会、收获与问题进行了总结;通过顶岗实习专业能力、方法能力和社会能力等综合职业素养有所提升;无违纪现象。 不合格:没有按照实习计划及任务书的规定与要求完成实习任务,实习日志不完整且内容空洞;对实习过程的体会、收获与问题基本没有进行总结;顶岗实习收获甚微;出现违纪现象。

附 录 实训文件

实训中涉及的考核管理表格

附件 1 施工综合实训审批表
附件 2 实训总结报告格式
附件 3 考核与成绩评定表
附件 4 实训日常考核记录表

实训中涉及的主要工程质量验收记录表

附件 5 工程定位测量记录表
附件 6 砌体工程检验批质量验收记录表
附件 7 钢筋加工检验批质量验收记录表
附件 8 模板分项工程质量验收记录表
附件 9 钢结构焊接分项工程质量验收记录表
附件 10 板块地面分项工程质量验收记录表
附件 11 给水管道安装分项工程质量验收记录表
附件 12 配管及管内线分项工程质量验收记录表

实训中涉及的图纸(略)

各院校可根据实际条件自选图纸组织安排实训。

附件 1　施工综合实训审批表

× ×职业技术学院____________________院(系)

实践性教学安排审批表

201　~201　学年　第　学期

专业 教研室		专业 班级	
实践教 学名称		计划时间 (第　周)	
实施 时间		实习 性质	校外实习 / 校内实习
实习 内容			
实施 责任人		指导 教师	
教研室 审核意见	教研室主任(签字):　　年　月　日		
院(系)办 审核意见	办公室主任签字(盖章): 年　月　日		
院(系) 领导审核意见	院(系)主任(签字) 年　月　日		

说明: 1. 审批时后附实习(实训)计划与任务书(指导书)等。

2. 审批通过后方可填写用车单及安排实施。

3. 本表一式3份,除教研室、院(系)办公室,还须提前一周报教务处教务科一份,作为过程检查及期末实践教学课时计算的依据。

附件 2　实训总结报告格式

××××职业技术学院

建筑施工综合实训

总
结
报
告

班　　级：×××
姓　　名：×××
学　　号：×××
指导教师：×××

一、××××××××（一级标题采用三号黑体字，段前一行，首行缩进 2 字符，单倍行距）

1. ××××××（二级标题采用四号黑体字，段前 0.5 行，单倍行距）

×××（正文采用五号宋体字，单倍行距）

(1) ××××××××（三级标题采用五号宋体字加粗，单倍行距）

×××（正文采用五号宋体字，单倍行距）

……

……

二、××××××××

……

……

……

……

附件3 考核与成绩评定表

综合成绩评定:____________

评定项目			评分标准	得分
提交成果(50%)	完成工作量(30%)	90%~100%	20~30	
		60%~90%	0~20	
		60%以下	0	
	规范、整洁程度(20%)	字迹工整、图面整洁,表达规范	18~20	
		字迹欠工整、表达欠规范	6~18	
		字迹潦草、图面混乱	6分以下	
平时成绩(50%)	实训态度及纪律(10%)	态度端正,实训认真,模范遵守纪律	10	
		表现一般,无违纪现象	5~10	
		有违纪现象	0~5	
	仪器操作(20%)	熟练	15~20	
		基本熟练	10~15	
		不熟练	0~10	
	出勤(20%)	全勤	20	
		缺勤两次及以下	10~15	
		缺勤两次以上	0	
总评	教师签字____________ 审核人____________			
备注	成绩考核标准	优:得分90分或以上 良:得分76分或以上 及格:得分60分或以上 不及格:得分60分以下		

附件 4　实训日常考核记录表

一、学生考勤

日期 姓名											

二、日常考核记录(包括学生不良现象、违纪情况、共性的实训问题、教育和解决的过程与效果、学生突出表现等)

三、实训小结

附件 5　工程定位测量记录表

<table>
<tr><td>工程名称</td><td></td><td>测量单位</td><td></td></tr>
<tr><td>图纸编号</td><td></td><td>施测日期</td><td></td></tr>
<tr><td>平面坐标依据</td><td></td><td>复测日期</td><td></td></tr>
<tr><td>高程依据</td><td></td><td>使用仪器</td><td></td></tr>
<tr><td>闭合差</td><td></td><td>仪器校验日期</td><td></td></tr>
<tr><td colspan="4">定位抄测示意图：</td></tr>
<tr><td colspan="4">复测结果：</td></tr>
</table>

<table>
<tr><td rowspan="3">签字栏</td><td rowspan="2">建设(监理)单位</td><td>施工(测量)单位</td><td colspan="3"></td></tr>
<tr><td>专业技术负责人</td><td>测量负责人</td><td>复测人</td><td>施测人</td></tr>
<tr><td></td><td></td><td></td><td></td><td></td></tr>
</table>

本表由测量单位提供，城建档案馆、建设单位、监理单位、施工单位各保存一份。

附件 6　砌体工程检验批质量验收记录表

工程名称		结构类型		部位	
施工单位		项目经理		项目技术负责人	
分包单位		分包单位负责人		分包项目经理	

		项目	质量情况
保证项目	1	砖的品种、标号必须符合设计要求	
	2	砂浆品种必须符合设计要求，强度必须符合本标准的规定	
	3	砌体砂浆必须密实饱满，实心砖砌体水平灰缝的砂浆饱满度不小于 80%	

		项目	质量情况										等级
			1	2	3	4	5	6	7	8	9	10	
基本项目	1	错缝											
		接缝											
		拉结筋											
		清水墙面											

		项目		允许偏差（mm）	实测偏差值（mm）									
					1	2	3	4	5	6	7	8	9	10
允许偏差项目	1	轴线位移		10										
	2	垂直度		5										
	3	表面平整度	清水墙	5										
			混水墙	8										
	4	水平灰缝平直度	清水墙	7										
			混水墙	10										
	5	水平灰缝厚度（10 皮砖累计）		±8										
	6	清水墙面游丁走缝		20										

检查结果	保证项目	
	基本项目	检查　　项，其中优良　　项，优良率　　%
	允许偏差项目	实测　　点，其中合格　　点，合格率　　%

检查结论	专业技术负责人 年　月　日	验收结论	监理工程师 年　月　日

附件 7　钢筋加工检验批质量验收记录表

工程名称		结构类型		部位	
施工单位		项目经理		项目技术负责人	
分包单位		分包单位负责人		分包项目经理	

		项目	质量情况
保证项目	1	钢筋的品种和质量必须符合设计要求和有关标准的规定	
	2	钢筋的表面必须清洁。带有颗粒状或片状老锈,经除锈后仍留有麻点的钢筋严禁按原规格使用	
	3	钢筋的规格、形状、尺寸、数量、间距、锚固长度、接头设置必须符合设计要求和施工规范的规定	

		项目	质量情况										等级
			1	2	3	4	5	6	7	8	9	10	
基本项目	1	钢筋网片、骨架绑扎											
	2	钢筋弯钩朝向、绑扎接头、搭接长度											
	3	箍筋数量、弯钩角度和平直长度											

		项目		允许偏差(mm)	实测偏差值(mm)									
					1	2	3	4	5	6	7	8	9	10
允许偏差项目	1	网的长度、宽度		±10										
	2	网眼尺寸		±20										
	3	骨架的宽度、高度		±5										
	4	骨架的长度		±10										
	5	受力钢筋	间距	±10										
			排距	±5										
	6	箍筋、构造筋间距		±20										
	7	钢筋弯起点位移		20										
	8	焊接预埋件	中心线位移	5										
			水平高差	±3,−0										
	9	受力钢筋保护层	梁、柱	±5										
			墙、板(拱)	±3										

检查结果	保证项目	
	基本项目	检查　　项,其中优良　　项,优良率　　%
	允许偏差项目	实测　　点,其中合格　　点,合格率　　%

检查结论	专业技术负责人 年　月　日	验收结论	监理工程师 年　月　日

附件 8　模板分项工程质量验收记录表

工程名称		结构类型		部位	
施工单位		项目经理		项目技术负责人	
分包单位		分包单位负责人		分包项目经理	

		项目	质量情况
保证项目	1	模板及其支架必须具有足够的强度、刚度和稳定性;能可靠地承受新浇筑混凝土的自重和侧压力,及施工中产生的荷载;保证结构和构件外形尺寸及相互位置的正确	
	2	临空墙、门框墙的模板安装,其固定模板的对拉螺栓上严禁采用套管、混凝土预制件等	

	项目			质量情况										等级
				1	2	3	4	5	6	7	8	9	10	
基本项目	1	接缝宽度												
	2	接触面清理隔离措施	墙、板(拱)											
			梁、柱											

	项目			允许偏差(mm)	实测偏差值(mm)									
					1	2	3	4	5	6	7	8	9	10
允许偏差项目	1	轴线位移		5										
	2	标高		±5										
	3	截面尺寸		±5										
	4	垂直度		3										
	5	相邻两板表面高低差		2										
	6	表面平整度		5										
	7	预埋管、预留孔中心线位移		3										
	8	预埋螺栓	中心线位移	2										
			外露长度	±10 -0										
	9	预留洞	中心线位移	10										
			截面内部尺寸	±10 -0										

检查结果	保证项目	
	基本项目	检查　　项,其中优良　　项,优良率　　%
	允许偏差项目	实测　　点,其中合格　　点,合格率　　%

检查结论	专业技术负责人 年　月　日	验收结论	监理工程师 年　月　日

附件 9　钢结构焊接分项工程质量验收记录表

工程名称		结构类型		部位	
施工单位		项目经理		项目技术负责人	
分包单位		分包单位负责人		分包项目经理	

		项目	质量情况
保证项目	1	焊条、焊剂、焊丝和施焊用的保护气体等必须符合设计要求和钢结构焊接的专门规定	
	2	钢材的品种、型号、规格和质量必须符合设计要求和钢结构焊接的专门规定	
	3	焊缝表面严禁有裂纹、夹渣、焊瘤、烧穿、弧坑、针状气孔和熔合性飞溅等缺陷。气孔、咬边必须符合施工规范规定	

基本项目		项目	质量情况										等级
			1	2	3	4	5	6	7	8	9	10	
	1	焊缝外观											

允许偏差项目		项目			允许偏差(mm)		实测偏差值(mm)									
							1	2	3	4	5	6	7	8	9	10
	1	对焊焊缝	焊缝余高(mm)	$b\leq20$	一级	0.5～2.0										
					二级	0.5～2.5										
					三级	0.5～3.0										
				$b>20$	一级	0.5～3.0										
					二级	0.5～3.5										
					三级	0.5～4.0										
			焊缝错边		一级	$<0.1\delta$ 且 $\ngtr 2$										
					二级	$<0.1\delta$ 且 $\ngtr 2$										
					三级	$<0.1\delta$ 且 $\ngtr 3$										
	2	贴角焊缝	焊缝余高(mm)	$k\leq6$	0～+1.5											
				$k>6$	0～+3.0											
			焊角宽(mm)	$k\leq6$	0～+1.5											
				$k>6$	0～+3.0											
	3	T形接头要求焊透的K形焊缝(mm)		$k=\delta/2$	0～+1.5											

检查结果		
	保证项目	
	基本项目	检查　项，其中优良　项，优良率　%
	允许偏差项目	实测　点，其中合格　点，合格率　%

检查结论	专业技术负责人 年　月　日	验收结论	监理工程师 年　月　日

注：b 为焊缝宽度；k 为焊角尺寸；δ 为母材厚度。

附件 10 板块地面分项工程质量验收记录表

工程名称		结构类型		部位	
施工单位		项目经理		项目技术负责人	
分包单位		分包单位负责人		分包项目经理	

保证项目	项目	质量情况
	各种面层所用板块的品种，质量必须符合设计要求：面层与基层的结合（黏结）必须牢固、无空鼓（脱胶）	

基本项目	项目		质量情况										等级
			1	2	3	4	5	6	7	8	9	10	
	1	面层											
	2	地漏及泛水											
	3	踢脚线											
	4	踏步、台阶											
	5	镶边											

允许偏差项目	项目		允许偏差（mm）				实测偏差值（mm）									
			陶瓷锦砖高级水磨石板	水泥花砖	普通水磨石板	大理石、花岗石板	1	2	3	4	5	6	7	8	9	10
	1	表面平整度	2	3	3	1										
	2	缝格平直	3	3	3	2										
	3	接缝高低差	0.5	0.5	1	0.5										
	4	踢脚线上口平直	3	—	4	1										
	5	板块间隙宽度	2	2	2	1										

检查结果		
	保证项目	
	基本项目	检查　　项，其中优良　　项，优良率　　%
	允许偏差项目	实测　　点，其中合格　　点，合格率　　%

检查结论		验收结论	
	专业技术负责人 年　月　日		监理工程师 年　月　日

附件 11　给水管道安装分项工程质量验收记录表

工程名称		结构类型		部位	
施工单位		项目经理		项目技术负责人	

		项目	质量情况
保证项目	1	隐蔽管道和给水系统的水压试验结果以及使用的管材品种、规格尺寸，必须符合设计要求和施工规范要求	
	2	管道及管道支座（墩），严禁铺设在未经处理的松土上	
	3	穿越水库水位线以下的水管，预制的柔性、刚性防水套管或带有翼环的防水穿墙短管，必须符合设计要求和施工规范的规定	

		项目	质量情况 1	2	3	4	5	6	7	8	9	10	等级
基本项目	1	.管道坡度											
	2	碳素钢管螺纹连接											
	3	碳素钢管法兰连接											
	4	非镀锌碳素钢管焊接											
	5	金属管道的承插和套箍接口											
	6	管道支（吊、托）架及管座（墩）											
	7	阀门安装											
	8	埋地管道的防腐层											
	9	管道、箱类和金属支架涂漆											

		项目				允许偏差（mm）	实测偏差值（mm） 1	2	3	4	5	6	7	8	9	10
允许偏差项目	1	水平管道纵、横弯曲	给水铸铁管	每 1 m		1										
				全长（25 m 以上）		≯25										
			碳素钢管	每 1 m	管径小于或等于 100 mm	0.5										
					管径大于 100 mm	1										
				全长（25 m 以上）	管径小于或等于 100 mm	≯13										
					管径大于 100 mm	≯25										
	2	立管垂直度	给水铸铁管	每 1 m		3										
				全长（5 m 以上）		≯15										
			碳素钢管	每 1 m		2										
				全长（5 m 以上）		≯10										
	3	隔热层	表面平整度	卷材或板材		4										
				涂抹或其他		8										
			厚度			$+0.1\delta$ -0.05δ										

检查结果	保证项目	
	基本项目	检查　　项，其中优良　　项，优良率　　%
	允许偏差项目	实测　　点，其中合格　　点，合格率　　%

检查结论	专业技术负责人 年　月　日	验收结论	监理工程师 年　月　日

附件 12 配管及管内线分项工程质量验收记录表

工程名称		结构类型		部位	
施工单位		项目经理		项目技术负责人	
分包单位		分包单位负责人		分包项目经理	

		项目	质量情况
保证项目	1	导线的品种、规格、质量必须符合设计要求和国家标准的规定。导线间和导线对地间的绝缘电阻值必须大于0.5 MΩ	
	2	薄壁钢管严禁熔焊连接。塑料管的材质及适用场所必须符合设计要求和施工规范规定	

		项目	质量情况 1	2	3	4	5	6	7	8	9	10	等级
基本项目	1	管子敷设											
	2	管路保护											
	3	管内穿线											
	4	接地(接零)											

		项目			弯曲半径或允许偏差	实测偏差值(mm) 1	2	3	4	5	6	7	8	9	10
允许偏差项目	1	管子最小弯曲半径	暗配管		≥6*D*										
			明配管	管子只有一个弯	≥4*D*										
				管子有 2 个弯及以上	≥6*D*										
	2	管子弯曲处的弯扁度			≤0.1*D*										
	3	明配管固定点间距	管子直径(mm)	15～20	30 mm										
				25～30	40 mm										
				40～50	50 mm										
				65～100	60 mm										
	4	明配管水平、垂直敷设任意 2 m 段内		平直度	3 mm										
				垂直度	3 mm										

检查结果	保证项目	
	基本项目	检查 项,其中优良 项,优良率 %
	允许偏差项目	实测 点,其中合格 点,合格率 %

检查结论	专业技术负责人 年 月 日	验收结论	监理工程师 年 月 日

参考文献

[1] 张小林,刘儒博,王琦. 建筑施工综合实训[M]. 北京:中国水利水电出版社,2009.
[2] 李晓良. 建筑施工技术管理实训[M]. 北京:机械工业出版社,2013.
[3] 钟振宇. 建筑工种实训指导[M]. 北京:机械工业出版社,2008.
[4] 张伟. 建筑施工实训指导[M]. 北京:科学出版社,2003.
[5] 王兆. 建筑施工实训指导[M]. 北京:机械工业出版社 , 2006.
[6] 建筑施工手册[M]. 北京:中国建筑工业出版社,2003.
[7] 李晓良. 建筑施工技术管理实训[M]. 北京:机械工业出版社,2013.
[8] 张保兴. 建筑施工技术[M]. 北京:中国建材工业出版社,2010.
[9] 周晓龙. 建筑施工技术实训[M]. 北京:北京大学出版社,2014.
[10] 钟汉华,李念国,吕秀娟. 建筑工程施工技术[M]. 北京:北京大学出版社,2014.